减法

Subtract

The Untapped Science of Less

[美]莱迪·克洛茨（Leidy Klotz）著
杨占 译

中信出版集团 | 北京

图书在版编目（CIP）数据

减法 /（美）莱迪·克洛茨著；杨占译 . -- 北京：中信出版社，2021.9（2025.1重印）

书名原文：Subtract：The Untapped Science of Less

ISBN 978-7-5217-3216-0

Ⅰ . ①减… Ⅱ . ①莱… ②杨… Ⅲ . ①思维形式－通俗读物 Ⅳ . ① B804-49

中国版本图书馆 CIP 数据核字（2021）第 117276 号

减法
著者：[美] 莱迪·克洛茨
译者：杨占
出版发行：中信出版集团股份有限公司
（北京市朝阳区东三环北路 27 号嘉铭中心 邮编 100020）
承印者：河北鹏润印刷有限公司

开本：787mm×1092mm 1/16　印张：17.5　字数：220 千字
版次：2021 年 9 月第 1 版　印次：2025 年 1 月第 10 次印刷
京权图字：01–2021–2536　书号：ISBN 978–7–5217–3216–0
定价：69.00 元

服务热线：400–600–8099
投稿邮箱：author@citicpub.com

目录

1 看见“更多”

人们很容易把减少当成一种损失。缺乏对于“少”的直觉，或许是我们很难想到减法的一个原因吧。就像我们具有获取物品的本能一样，我们对于数量的本能当然是求“多”，而不是求“少”。

2 分享“更少”

人这一生的修行就是一个做减法的过程。减法思维，不是要求我们简单地摒除冗余的信息，而是教会我们在日常生活中，洞察真相，看得更透彻，活得更轻松。

中文版自序

学会给生活做减法

本书第一章的研究登上世界顶级科学期刊《自然》封面的 6 天之后，本书英文版在美国出版，并在一周内引起了极大的关注。但在我看来，其知识价值的回报尚未实现。在接下来的几个月里，数位我所仰慕的思想家纷纷与我联系，同我一道讨论了本书的核心思想——我们为什么忽略了减法，以及如何寻求更多的减法。本书所关注的减法涵盖了结构、设计与创新，以及物理学等诸多方面的问题。减法思维可以运用到各个领域，在生活中思考和解决问题，我们都可以多多考虑运用减法。比如，医生读过之后，会就此讨论一下他们在写作中的减法之道；而作家读过之后，则会想着如何将减法运用到医学中去。

在所有这些谈话中，一位中国朋友的话最发人深省。他说："书中第七章阐明了需要靠减法来打破过度消费这一循环。在中国，'内卷'是一个热门话题。在这个过度竞争的时代，减法的思维能成为破解之道吗？"

在我看来，中国的"内卷"与美国竞争惨烈的精英制度有诸多相似之处。在这两种情况下，良性竞争都偏离了正轨，变成了为竞争而竞争，工作变得永无止境——我们拥有的越多，要做的事情也越多。这还不仅仅是工作上的问题。我们把孩子的日程也安排得满满当当的，而且还想寻求机会让他们做更多的事情。美国有很多的亚文化圈，所以美国人可能更有机会置身于这一旋涡之外。不过，无论是何种文化或者采用何种说法，其结果都是一样的。正如人类学家项飙所说，这成为一个“自我鞭挞的无休止的循环”。其实，只要我们知道还有其他选择，就可以缓解“内卷”带给我们的无助感。

所以，对于中国朋友的问题，我的回答是肯定的。在阅读本书的过程中，我真诚地希望读者朋友能够针对“为什么”和“如何做”的问题找到清晰的答案，因为要阻止“内卷”和其他无休止的循环，尤其是自我鞭挞，减法无疑是一个绝佳的选择。

前言

减法的力量

我和家人去旧金山游玩，第一站就去了恩巴卡德罗（Embarcadero）海边。我们参观了历史悠久的码头和渡轮大楼，沿着棕榈树成荫的长廊漫步，在绿树成荫的公园里寻找野鹦鹉。一位气球艺术家用气球为我儿子埃兹拉做了一只猴子，儿子蹒跚着把气球拿到一群海豹面前炫耀了一番。还有许多人，似乎都想让这里成为他们心中永远的记忆。

一场地震，让这里成为一个令人难忘的地方。是的，一场地震，还有一位名叫苏的女士。

在恩巴卡德罗成为游客必到的景点之前，这里是一条双层混凝土公路。像美国其他许多穿越城市的高速公路一样，恩巴卡德罗高速公路也是在二战后修建的。当时得到了联邦政府的支持，其主要目的是运兵，同时应对不断增加的汽车数量。[1]

修建数十年后，恩巴卡德罗高速公路沿旧金山东部海滨延伸了超过一英里（约 1.6 千米），遮挡了美丽的风景，还阻断了通往海湾的道路。[2] 因此，在旧金山的其他地方，一些社会团体的组织者（他们最初被力挺高速公路的人讥讽为“小妇人”）打算放弃这条高速公路，认为这样一条公路的存在弊大于利。然而，这条高速上每天都跑着成千上万辆汽车，所以，对于这样一条新修的公路，说它没有必要是一回事儿；但要把它拆掉，却完全是另外一回事儿。幸运的是，旧金山遇见了苏·比尔曼。

苏是在内布拉斯加州长大的，20 世纪 50 年代移居到了旧金山。她的专长是音乐，而不是城市规划，但苏非常聪明，而且富有进取心。她高中毕业的时候就是毕业生代表，而且还一直不断地学习。作为一名家庭主妇，同时也是一名社会团体的组织者，她学会了怎样才能在旧金山把事情办好。由于能力出众，她于 1976 年在城市规划委员会获得了一份公职。

苏对待公共事务细心而缜密。她所在的规划委员会使用各种指标，对恩巴卡德罗高速公路进行了调研：道路的交通承载量有多大；道路为城市企业带来了多少客户；道路对房地产价值，以及它对穿越和连接的社区生活质量有何影响。委员会还考虑对现有高速公路进行改造。如果将双层高速公路改造成隧道，成本有多高，利益又有多大？是否需要延长公路，使之与金门大桥相连，还是不用管它，而更多地关注城市其他地方的发展。经过十多年的分析论证，苏所在的委员会终于在 1985 年提出了解决恩巴卡德罗高速公路问题的方案：将公路拆除。

对此，高速公路附近的企业表示反对，担心交通不便会导致客户数量减少。更令人惊讶的是，不光只有企业表示反对。当旧金山市民对这一方案进行投票表决时，反对的人占了多数。在每三个人当中，就有两个人表示反对，而只有一个人赞同。反对者的理由要么是害怕交通不便，要么担心业务受损，要么就是不想有任何改变。民众是有发言权的，于是，苏和委员会就把重点放到了其他项目上。

恩巴卡德罗公路继续成为旧金山海滨的一道阻碍，直到 1989 年。1989 年 10 月 17 日，旧金山发生了洛马·普里埃塔（Loma Prieta）大地震。[3] 地震改变了一切。我当时是一名痴迷于体育运动的中学生，正在电视上观看职业棒球世界大赛的第三场比赛。地震发生时，我和其他数百万人一样，首先看到电视出现黑屏，然后听到惊慌失措的播音员从旧金山烛台体育场传来的声音，接下来又从电视上看到公路坍塌、城市建筑着火的画面。

这次地震造成60多人死亡①，数千人受伤。一块足有一个篮球场大小的水泥板从海湾大桥的上层落到了底层。大火吞噬了整个滨海区，而这里离恩巴卡德罗只有几个街区。人们无奈地坐在屋外，旁边堆放着从屋里收拾出来的东西，准备随时撤离家园。这次地震造成的财产损失达 60 亿美元。损失之大，是美国此前的地震都无法比拟的。[4]

不过，这次地震也让人们对于拆除恩巴卡德罗公路有了新的认

① 一些资料数据显示，该次地震造成约 270 人死亡。——编者注

识。首先，地震后的高速公路已无法使用了。[5] 如果要修复损坏和老化的结构，并使其重新投入使用，花费的成本比拆除它的成本要高得多。[6] 其次，地震也让人们看到了这种高架公路的风险。奥克兰的赛普里斯街高架桥在这次地震中垮塌，造成多人丧生。[7] 赛普里斯街高架桥是一座混凝土结构的双层高架桥，长度超过一英里。这座高架桥似乎也预示着恩巴卡德罗公路的命运。

尽管如此，许多旧金山民众还是希望能修复这条公路。一些工程师建议采用更结实的水泥柱进行加固等一系列的办法对其进行修复，当地企业和许多居民也表示赞同。[8] 普利策奖获得者、《旧金山纪事报》（*San Francisco Chronicle*）专栏作家赫布·凯恩（现在没有高速公路的海滨步行长廊就以他的名字命名）评论道："人们对是否拆除恩巴卡德罗高速公路再次进行了'严肃的讨论'，这是比决定修建这条公路还要糟糕的一次讨论。"[9]

但是，这一次将不再进行全民投票。如果全民投票，高速公路可能还会保持原状。这一次的决定权交给了市监事会。监事会成员以 6 票对 5 票的微弱优势，最终批准了规划委员会最初提出的拆除公路的建议。[10]

苏对此并没高兴多长时间。1991 年，新市长解除了她的职务，因为新市长信守竞选诺言，要把拆除恩巴卡德罗公路的规划委员会委员全部裁掉。

一场地震的爆发，公务员遭到了解雇，不过高速公路终究还是被拆除了。随着公路的拆除，游客和旧金山市民又能享受滨海区了。公路被拆除后的10年里，滨海区周边的住房增加了50%，就业率增加了15%，增长幅度远远超过了城市其他地区。[11] 正如一些人所预料的那样，拆除高速公路并不会给交通带来什么恶果。无论是在城市的街道还是去海湾大桥，抑或乘坐公共交通，人们要做的只是重新规划行程。[12] 大家为出行寻求到许多新的方式。过去只能让汽车通行的道路上，现在满是步行者和骑自行车的人。[13]

不需更多的证据，只要来过的人一眼就能看出，恩巴卡德罗不应被一条高速公路遮蔽。2000年，在高速公路被拆除10周年的纪念日当天，《旧金山纪事报》报道称："已经几乎没有人认为拆除公路是个糟糕的主意了。"[14]

苏·比尔曼去世之后，一家报纸在悼词中盛赞她为"卓越的社区积极分子"，以表扬她半个世纪以来为旧金山所做的贡献。[15]

今天，滨海区附近的苏·比尔曼公园是一块占地5英亩（约2万平方米）的绿地，也就是我和埃兹拉寻找野鹦鹉的地方，四周是繁华的商业区。

差不多就在苏·比尔曼为拆除高速公路做最后努力的时候，纳尔逊·曼德拉在奥克兰体育馆向大约6万名听众发表演讲，感谢码头工人利奥·鲁滨逊。[16] 而最初的鲁滨逊并不太像一位能够推动南非种族主义走向灭亡的人。

鲁滨逊于1937年出生在路易斯安那州的什里夫波特（Shreveport）。他很小的时候就随家人搬到了旧金山湾区。据说对非裔美国人而言，湾区的机会要比美国南部好很多。然而，鲁滨逊一家在湾区也只能住在被隔离起来的街区，他的父母能找到工作，也是因为有总统强制的行政命令，同时当地组织了反对歧视性雇佣的抗议活动，加之战时经济也确实缺乏劳动力。鲁滨逊在中学十二年级退学后加入了海军。朝鲜战争结束后的几年里，鲁滨逊一直在军中服役。

退役之后，鲁滨逊在 20 世纪 60 年代早期去了码头工作。最初，他对外界的事情并不太关心，更不用说远在南非的事情了。在回溯自己政治行动的起源时，鲁滨逊回忆起自己曾经说过，自己没有资格对美国在越南战争中的角色发表意见。但渐渐地，鲁滨逊也关心起政治来，而且很快就在诸多全球性问题上有了行动。

他的关注点之一就是南非的种族隔离制度。那些种族主义者的隔离政策唤起了他的觉醒，让他奋起与美国存在的种族隔离、歧视性雇佣，以及收入不平等状况进行抗争。为了追求种族间的平等，鲁滨逊帮助建立和发展了反种族隔离的码头工人团体。

1984 年年末，当“渣华金伯利”（Nedlloyd Kimberley）号货轮在旧金山 80 号码头停靠时，鲁滨逊和其他码头工作人员卸下了船上的大部分货物，而拒绝卸下来自南非的货物。那些“血腥”钢铁、汽车零部件，还有红酒，都原封不动地装在船上。[17] 鲁滨逊的组织影响力很大，所以附近港口也都不会接受南非种族隔离制度下生产的货物。

正如鲁滨逊所期望的那样，码头工人拒绝卸货，引发了美国一系列反种族隔离活动。每天都有成千上万的人对停靠在码头的“渣华金伯利”号货轮进行抗议活动。很快，奥克兰市将其所有资金都撤出了在南非开展业务的公司。[18] 加州也紧随其后，对早前投资在南非的

110亿美元进行了重新调整。[19]类似的撤资蔓延到其他城市、州和国家，包括通用电气、通用汽车、可口可乐在内的跨国公司都纷纷与实行种族隔离制度的南非断绝了关系。

有组织地反对种族隔离由来已久，特别是在南非，这就是纳尔逊·曼德拉，以及许多像他一样的人入狱的原因。但是，一旦开始了国际性的撤资，种族隔离制度的日子也就到头了，这也就是曼德拉在奥克兰演讲时要感谢利奥·鲁滨逊和码头工人的原因，他认为他们“站在了湾区反种族隔离运动的前线”。[20]

利奥·鲁滨逊改进了一项社会制度，苏·比尔曼改善了一座城市，而埃莉诺·奥斯特罗姆则改进了一个想法。奥斯特罗姆的过人之处在于，有了一个想法之后，她对这个想法更多的是进行削减，而不是拓展。这其实也是像她这样的诺贝尔奖获得者常常采用的一种思维方式。[21]

奥斯特罗姆是印第安纳大学教授，致力于经济管理研究。她对一种被称为“公地悲剧”的理论进行了削减。该理论是由生态学家加勒特·哈丁提出的。哈丁于1968年发表了一篇颇具影响力的论文，重新审视了一则牧民在公共土地上放牧的古老寓言。[22]每位牧民都必须定好规矩，允许多少头牛在这片土地上食草。如果每位牧民都将自己牧牛的头数限制在合理的范围之内，那么这片公共土地每年都能进行自我补给，因此可以支持几代牧民的生活。但因此就会出现这样一个问题：如果有些牧民限制了牲畜的数量，但另一些牧民没有限制，那么公共土地上的资源就会被耗尽，而限制牲畜数量的牧民则会遭受损失。

因此，如果你知道其他牧民都是自私的，即使你自己想成为一位无私的牧民，也最好尽快采取行动，尽你所能去占有资源。

哈丁将放牧的问题进行类比，并拓展到了现代环境问题上。他认为，只要资源对很多人都有用且不属于任何一个人，自私的放牧行为就会占上风。现在，很多环境问题都可以看作是公共资源困境，其中就包括气候变化。维持生命的大气是我们的公共资源，而人类却燃烧石油，排放致命的温室气体，于是成了自私的牧民。哈丁认为，要应对这种情况的不断发生，避免环境遭到破坏，唯一的方法就是将自然资源私有化。[23]

哈丁的悲剧理论是基于对人类动机、对公共池塘资源的管理制度，以及对资源本身的假设，而奥斯特罗姆则证明这些假设是错误的。[24] 人类完全有能力在不发生悲剧的情况下管理好公共资源。通过细致的实地研究，奥斯特罗姆发现在世界各地都有这样的例子，包括印度尼西亚的森林[25]、尼泊尔的灌溉系统[26]，以及新英格兰的龙虾捕捞业[27]。

哈丁从一则寓言中提出了一个一般性的理论，而奥斯特罗姆则是从证据中提炼出诸多更细微的观点，其中一个就是为了避免悲剧的发生，可以将社区自治（例如，龙虾捕捞者在酒吧聊天时，谈到对过度捕捞进行自我监督）与大规模管理整治相结合（例如，联邦法律规定，如果龙虾种群受到威胁，将禁止一切龙虾捕捞活动）。

奥斯特罗姆很善于对集体知识进行编辑加工。她从哈丁认为公共池塘资源注定是悲剧的观点着手，认为每种情况都更像是一部独特的戏剧，只要计划周详，我们完全可以书写出更美好的结局。[28]

这三个事例的共同点，就是它们都借助了减法的力量。苏·比尔曼拆除了一条高速公路，成就了世界上参观人数最多的一处景点；利奥·鲁滨逊做了业务上的减法，最终导致种族隔离制度的崩溃；奥斯特罗姆剔除了错误的观念，使人类能够更好地面对我们共同的未来。由于他们的思想、勇气和坚持不懈的毅力，他们都为社会的改变贡献了积极的力量。而他们之所以能成就这一切，正是因为他们抓住了其他人都没有看到的机会。

- 做一个决定的时候，你是否经常说："我应该再多做一些……"而不太喜欢说："我应该少做一些……"
- 你的东西是不是越来越多？
- 你是否花费更多的时间（无论是通过播客、网站还是聊天）来获取信息，而不是花更多的时间提炼已知的信息？
- 你在编写新内容上花费的时间是不是比编辑已有内容的时间更多呢？
- 你启动的组织、计划和活动，是不是比放弃或取消的更多？
- 在家庭或工作岗位上，你做得更多的是不是增加新规则，而不是取消规则？
- 你考虑得更多的是不是为弱势群体提供帮助，而不是消除不劳而获的特权？

- 今天的你，是不是比三年前的你更忙碌了？

对于上述问题，如果你给出肯定的回答，那你的答案和千千万万人都是一样的。当我们努力改善生活，提高工作质量和效率，促进社会发展的时候，我们绝大多数情况下都是在做加法。就像接下来我们将看到的那样，这其中有很多原因，文化、经济、历史，甚至生物学方面的原因都交织在一起。接下来我们还将看到，我们其实并不一定要做加法。

当然，有时候确实是越多越好，比如我们家就新增了 5 个房间。当我们从旧金山旅游回来之后，一家人就各自进了这些新增的房间中。新增房间让我们有了自己的空间，但随着时间的推移，我们依然感觉非常拥挤。比如像新增房间的第一层，堆满了成千上万的乐高积木块，所以，有时候清除一些东西会让人觉得愉快。我过去常常一边在跑步机上跑步，一边听书、听播客，还要在电视上看新闻，这让我的大脑根本没有时间将数据变成知识，再形成我的智慧。我得静下心来思考，在思考中形成想法并找到答案。在这一过程中，“少”的意义就会凸显出来。

无论是苏·比尔曼审视旧金山的滨海区，还是我考虑翻修房屋，抑或你要做出一个什么样的决定，我们本质上做的都是同一件事——试图将事物从现在的状态转变为我们希望的样子。这种改变可以说无处不在。要做出改变有两种方式：一是始终对既有事物做加法，无论这个事物是实物、思想还是社会体制；二是对既有事物做减法。

但问题就在于，我们往往会忽略减法。与加法相比，我们更难想到用减法（这样说并不夸张，我们将在下一章看到具体的内容）。即使我们刻意地考虑减法，要真正做起来也会觉得很困难。但我们毕竟还是有选择的，我们不能让这种忽视继续给我们的城市、我们的机构以及我们的思想带来不好的影响。忽视了这一重要方面，将会给我们造成巨大的损失。

对我们的家庭而言，忽略减法意味着更多的麻烦。现在，每个家庭里的物品通常都有几十万件。[29]那些榨汁机、不合身的衣服、乐高积木，还有从旧金山带回来的早就瘪了的猴子气球，这些都得专门来收拾摆放。这些都得花费时间和精力，我们便会觉得时间越来越不够用，尤其是当我们面对一张排得满满的日程表而不知道做减法的时候。

在单位和组织里，我们也想不到用减法。无论是我们的政府还是我们的家庭，我们的要求都越来越多——埃兹拉学到的规则越来越多，大人们现在需要应对的联邦法规是 1950 年的 20 倍。[30]太多的规则和繁文缛节会分散孩子和奶农们的精力（后面我们将会读到他们的故事），让他们无法集中精力去做更应该做的事情。在社会变革方面，被我们忽视的减法其实往往是更好的选择。向反对种族主义的组织捐款对他们确实有帮助，但这样做并不能消除种族主义；但如果把种族主义势力的资金抽走，这就无异于釜底抽薪。

我们要理解整个世界，却忽略了减法，以至专家将学习也称为

“知识建构”。[31]如果我们在错误的知识基础上进行建构，就无异于试图去加固遭地震破坏的高速公路。因此，我们应该去除不正确的观点，在稳固的基础上寻求发展。然而，无论作为个人还是整个社会，当读到加勒特·哈丁的悲剧理论时，我们都没有质疑过，这是尤为有害的。因为哈丁主张的是改良人种，他是利用悲剧理论来反对一个多种族的社会。不管想法源于何处，为了使我们的思想不固守僵化，我们都需要做一些违反直觉的减法。

甚至对整个地球而言，忽略了减法也是不利的。正如苏斯博士在半个世纪前写的环保主义经典故事《老雷斯的故事》（*The Lorax*）中所认识到的那样，如果我们还有选择，那就是需要去除一些东西。现在，当大气中的二氧化碳已经超过了安全警戒线的时候，我们要做的就不能仅仅是放缓二氧化碳的排放速度（当然，这样做也是一个好的开端），而是要清除过多的二氧化碳。

所以，了解了加法的本质和根源，我们就能学会在不同的社会中寻求减法。而且，如果你能成为少数会做减法的人，那么面对变化的市场，你就有可能在低效中找到突破。对本书读者来说，这无疑是一个巨大的收获。

这本书凝结了我长久以来对于“少”的痴迷和关注。当我只有10多岁的时候，我就在想，为什么有些东西并不能使任何人的生活变得更好，却不将它们去除。那时候，我暑期的工作就是修剪草坪，这给了我很多时间去思考，觉得似乎常常是在修剪草坪时才会使用草坪。

转眼间20年过去了。当我和儿子埃兹拉玩积木的时候，我又开始考虑减法的问题。我像他这么大的时候，有这么多的书、这么多的乐高和这么多的消遣娱乐吗？为什么在他能够将词语连贯地拼凑成一个句子之前，他就会找到各种各样搭建、添加或者积累句子的方法，无论是做游戏还是玩玩具都是如此。

无论是割草时的思考，还是对学龄前儿童的分析，我始终在考虑该如何使用减法，考虑这样做会有什么好处。我读本科时的专业是土木工程，主要是搭建房屋和桥梁，其实就是埃兹拉玩积木的专业版。具有讽刺意味的是，我学的是构建物质基础设施的科学和数学知识，但其中丰富的内容却让我看到了减法的价值和意义。

大学毕业后，我有几年的时间是在新泽西州建学校。我发现，教室移除了地板砖之后，打扫清洁更方便，也有利于营造更健康的学习环境。我发现，简化后的施工进度表能让我们每个阶段的成果显得更加突出。我还发现，撤掉一名多余的项目主管，能够让我们办公室的运作更加顺畅。但是，这样的减法我们做得太少了。

当成为一名教授之后，我才真正开始了对“少”的思考。自我修剪草坪时想到这个问题以来，一直还没有像现在这样，可以拿着薪水思考这一问题。现在，我还有了一些新工具，可以帮助我更有效地思考关于“少”的问题。

像大多数教授一样，我也很乐意将自己的工作投入到创造和分享知识中。当然，有时也是在剔除一些知识。与大多数教授不同的是，我不受某个学科的束缚。我的官方头衔涉及工程学、建筑学和商学，但我许多亲密的合作者都把我视作行为科学家。跨学科的角色意味着我每天都有很多会议，收件箱里很多的邮件也是需要梳理过滤的。不过，相对于你将在本书中读到的观点和内容，这些烦琐的工作和事情算不了什么。

正是因为我涉猎多个学科领域，所以才对减法有了一些思考。在过去的10年里，修剪草坪时的一些思考也不断得到打磨，并且还找到了证据。这让我很兴奋，觉得应该和更多的人分享。

在了解这些证据之前，我们需要知道我们要寻找的究竟是什么。这里，我们可以看到概念上的差异，我对此进行了上千个小时的思考，这确实提升了我的思维。我把它提炼成下面两段文字：

> 我意识到我感兴趣的不是简单，不是优雅[32]，也不是任何形式的“少即是多”[33]。此时，我的思想便有了突破。“减”是一个行动，“少”是一种最终状态。有时，实现“少”靠的是减法；有时，“少”则意味着你什么都不做。这两种类型的“少”存在很大的差异。只有通过减法，我们才能实现那种更不寻常，也更有价值的“少”。
>
> 换句话说，减法是实现“少”的过程，但这与“少做事”是不同的。事实上，要实现“少”往往意味着做得更多或者想得更多。要拆除高速公路，肯定比弃之不管或者干脆不修更困难。正如我的团队在研究中所发现的那样，要去除思想上的某些东西更

加困难。因此，减法不意味着极简主义，不意味着无所作为或者反对技术，也不意味着尊奉某种闲适之道。如果将减法与那些哲学观点混为一谈，我们就无法将减法视为一种选择，也看不到在实现“少”的背后所付出的努力。

理清思路之后，我和我的团队进行了数万小时的研究。我们反复进行实验、讨论，然后撰写论文，并在各种场合反复陈述。我们发现，人类忽视了减法。即使减法明显是一种更好的选择，人们也不会选择用这种方式来做出改变。

接下来的问题就是：为什么？我们又该如何更好地看待减法呢？

我并不是第一个注意到减法具有强大力量的人，很多人都提出过一些类似建议，这些建议可以让我们的生活变得更加简单。计算机科学家卡尔·纽波特提倡数字简约主义[34]，厨师杰米·奥利弗将食谱精炼成 5 种成分[35]，收纳专家近藤麻理惠有许多整理房间的方法[36]。这些专家从具体的方面指导我们如何通过减法来改善生活。他们反直觉的建议也给我们的生活带来了惊喜。

为什么他们的建议会让人感到意外呢？为什么我需要阅读三本不同的书来解决计算、烹饪和收纳过程中相同的基本问题呢？ 500 年前，在达·芬奇眼中，完美就意味着不留一丝缺憾。700 年前，威廉·奥卡姆指出：“花很多功夫去做花很少功夫就可以完成的事，纯粹是徒劳。”2500 年前，老子说过：“为学日益，为道日损。”

从这些大家和先知那里，我对减法有了许多感悟，但最大的一点感触就是：他们的建议放在今天仍然有用，因为我们依然没有看到减法的作用。

忽视减法可以对我们的环境产生明显的影响，不过这种影响最终还是源于我们的思维方式。拉尔夫·沃尔多·爱默生在他的文章《论自然》中，富有诗意地将我们的思想与物质世界联系在一起[37]：

> 看看现在的一些想法……看看木材、砖块、石灰，还有石头，是如何顺从人们头脑中的想法而变成各种不同形状的。思想上哪怕是一点点的拓展，都会让外部事物发生明显的变化。

心理学的奠基人之一威廉·詹姆斯从不同的角度观察了本质上相同的事物。[38] 他在《心理学原理》一书中，描述了我们如何将自己的个性融入我们的房屋和其他事物。

所以，要了解思维，了解思维所激发的创造、思维的结果，以及创造所产生的事物等一系列问题之间的关系，我就得跨越一座座孤立的学术岛屿，从设计到行为学，从工程学到心理学，再从建筑学到商业和政策。

我们的外部世界和内部世界之间存在着共生关系。这就是苏·比尔曼不仅建议拆除高速公路，还帮助旧金山市民重新考虑车辆、人口以及城镇之间关系的原因。正是有了事物与思想的融合，利奥·鲁滨逊的行为不仅引发了大规模的撤资，还帮助美国人民看到了他们在南非的兄弟姐妹。

通过将想法付诸实践，埃莉诺·奥斯特罗姆不仅消除了关于公共资源的错误理念，还改造了人类的环境，无论是印度尼西亚的森林，还是科德角的捕渔业。

如果在某一刻需要大家都像埃莉诺、利奥以及苏一样，那么最好的时刻就是现在。现在，新冠病毒肆虐，我们全社会为此付出了巨大的代价。但疫情也为我们的改变提供了契机，让我们对日常的安排，对我们的街道和城市，还有我们的整个社会都有了新的认识。从气候方面来看，疫情导致旅游人数和消费缩减，这使得二氧化碳的排放量首次出现了下降。[39] 这让我们看到一个什么样的信号呢？疫情减少了我们的活动，我们是否可以从中借鉴一些什么呢？比如，像一些我们从不缺席的会议和日常的通勤，是否真的那么必不可少？再比如，像美国的顽疾——系统性种族主义的苏醒，我们又该如何应对？非裔美国人感染新冠病毒的风险是美国白人的三倍[40]，我们是仅仅满足于增加几名非裔美国人出任公共卫生官员，还是借此机会进行一系列变革，以消除结构性种族主义，例如，取消相关政策，不再将非裔美国人限制在缺乏健康食物和运动的社区？[41]

要改变我们的日程安排或者想法，要改善我们的城市或者政治体制，永远都不能依靠单一的方法。因此，本书的目的就是通过诊断（第一部分）和重新认识（第二部分），让我们看到减法作为一种改变世界的方式所具有的力量。

1

看见“更多”

人们很容易把减少当成一种损失。缺乏对于“少”的直觉，或许是我们很难想到减法的一个原因吧。就像我们具有获取物品的本能一样，我们对于数量的本能当然是求“多”，而不是求“少”。

第一章
“少”是一种更好的选择

“少”的真谛

和埃兹拉用乐高积木搭一座桥，我突然间灵光乍现，一下子领悟到了“少”的真谛。由于桥体两端的桥塔高度不一，桥没法架上去，我便转身抓了一块积木，想加到矮一点的桥塔上面。但是，当我转过身时却发现，3 岁的埃兹拉正从高一点的桥塔上拆下一块积木。面对高低不一的积木桥塔，我首先想到的是增加矮塔的高度，而看到埃兹拉的做法之后，我才意识到自己的想法不对。要搭建一座平稳的桥，降低较高桥塔的高度更快捷，也更高效。

自从当上教授之后，我一直试图把对“少”的兴趣由单纯的思考转变为可行的研究。刚开始的时候，我研究了建筑物和城市如何减少能源消耗，从而降低引起气候变化的废气排放量；我研究了建筑设计和城市设计，研究了它们的使用者和设计师。[1] 后来，我把注意力集中在设计师身上，发现设计师往往会寻求心理捷径，即使这些捷径无法带来最理想的结果。这些捷径包括：锚定不相干数字[2]，不假思索地接受默认选择[3]，以及设计时被其他样板左右[4]。然而，我仍然无法从建筑物和城市的研究中展开对“少”本身的探索。

埃兹拉搭积木的方法，使我对设计的思考转到了更为基础的层面。那就是在我家客厅里，有一个相对简单的场景，这个场景可以通过增加或减少积木来改变。当埃兹拉做出这样一个出乎意料的举动时，我才意识到，“少”其实是一种最终状态，达到这一状态靠的正是减法。

埃兹拉的积木桥不仅使我的研究重点从“少”转移到了减法，还给我提供了一个令人信服的方法来分享和检验我的这一发现。于是，我便随身携带着埃兹拉的桥塔模型，找学生进行实验，看他们究竟会像埃兹拉那样减少积木，还是像我那样增加积木。结果，所有的学生都增加了积木。

我还与其他教授分享了这座乐高积木桥，其中一位是加布朗埃勒·亚当斯。她教授公共政策与心理学，我和她同时任职于弗吉尼亚大学。我接受这份工作，是为了有机会能和研究预设环境之外的人类行为学者共事，而亚当斯在职场政治、伦理过失、致歉与原谅等诸多方面都取得过研究成果，这恰好满足了我的需求。她过去的辉煌成果给我留下了深刻的印象，而她现在得一边应付多余的新员工入职培训，一边照顾夜哭的宝宝，这让我深表同情。于是，我开始劝说她和我一起工作。

我试着把自己对“少”的兴趣和亚当斯的研究联系起来：赶走

差劲职员可以改善职场政治环境。我还试着把“简单”和亚当斯对环境的关心联系起来：所需材料更少的设计，可以让人类在不掠夺自然资源的情况下得到不断的发展。我甚至还把“简单”和流行趋势联系在一起：蒂姆·菲利斯在他的《每周工作 4 小时》（*The 4-Hour Workweek*）一书中提到，我们本可以略过那些新员工入职培训。[5] 亚当斯每次都会听我把话讲完，但她也不清楚哪个想法值得我们花时间去研究。亚当斯不到 30 岁就被 Poets&Quants 网站评为“40 岁以下最佳教授”。[6] 如果做研究没有明确的想法，她是不可能得到这样的荣誉的。

恰好这次埃兹拉搭积木的举动（他其实和大人一样，并不太可能会做减法），给我和亚当斯的会面提供了思路。我从书包里拿出乐高积木，摆在亚当斯的桌子上，让她来搭一座桥。

因为她聪明过人，加之我们此前也探讨过“少”的问题，我猜测她可能一眼就能看穿搭桥过程中的玄机。然而，她和包括我在内的其他人一样，也是在矮塔上加了一块积木之后再把桥搭上去。

我兴奋地告诉亚当斯，埃兹拉是拿走一块积木后把桥搭起来的，这让亚当斯恍然大悟。她的反应让我意识到，我们应该让更多人了解这一问题，而不需要像我那样在割草机后面踱着步，或者陪孩子玩上几个小时的乐高之后才有所发现。亚当斯问道：“哦，所以你想知道我们是否忽略了减法，却没有想到减法也是改变事物的一种方式？”

这也是我正在考虑的问题。

乐高、实验室及其他

当亚当斯弄清楚我提出的问题之后，便决定同我一起进行研究。她还说服了另一位研究心理学和公共政策的教授本·康弗斯加入我们的团队。亚当斯明白，我们最终需要研究的是为什么人们很少使用减法，所以她想让本的专业知识派上用场——本是人类判断与决策这一基本思维过程领域的专家。

亚当斯给研究生上实验设计的课程。本也喜欢搞实验设计，他与同为心理学教授的搭档亚当斯就是在一次实验设计的研讨会上相识的。

我和许多父母一样，怀疑所有的心理学教授都会对自己的学龄前孩子做延迟满足的棉花糖测试。[7] 棉花糖测试简单来说就是：在最初的测试中，每个孩子会分到一颗棉花糖，并被告知如果他们几分钟后没有吃，就能再得到一颗。一些孩子耐心地等着，另一些孩子则迫不及待地把糖吃了，奖励当然也就泡汤了。对这群孩子的后续研究表明：等待第二颗棉花糖的孩子，在青少年时期的学术能力评估测试（SAT）中得分更高。[8] 产生这种联系的原因还不明确，所以，不管你的学龄前孩子有没有立马吃掉棉花糖，都要继续教育他们。你需要知道的一点是，本不仅对自己的孩子做过棉花糖测试，还肯定让他的搭档也跟着做过。所以，这就是你想要的研究人员，准备好大干一场吧。

我和本、亚当斯的首次研究用的也是乐高。我们让研究助理在校园内招募过往行人，然后陪同有意愿的参与者前往工作站。[9] 在工作站的小桌上放置着乐高搭建的积木结构，而更多的积木块则散落在一边。积木结构有两个，一个是由 8 块积木构成的，另一个则是由 10 块积木构成的，每个结构都安在一个长、宽各为 8 块积木的平板底座上。参与者可以选择对其中一个结构进行改造和调整。

每名参与者按自己的想法改变积木结构，然后由研究助理来计算增加、移除或移动积木的总数。在改造后的结构中，只有 12% 的积木块数量有所减少。

或许我们观察到的现象仅限于乐高。我们想要搞清楚的是，在其他场景中，是否也会出现这种较少使用减法的情况？如果不是，又会出现怎样一些场景？

在实验中，我们还让参与者改变音符的随机"循环"。增添音符的人数大概是删除音符人数的三倍；我们让参与者修改一篇文章，扩充内容的人数也大致是删减内容人数的三倍；我们还让参与者改变一种含有 5 种食材的汤的配料，而 90 名参与者中只有两个人减少了食材种类。

不过，如何确定我们是否制造了不鼓励使用减法的实验场景呢？例如，在我们对写作行为进行研究时，也许最初提供的写作样本本身缺少关键信息，因此必须增添内容。虽然我知道我们并非有意抵触减法，但和心理学家一起工作后，我也开始怀疑是不是自己的潜意识在起作用。

为确保我们并没有无意识地鼓励参与者使用加法，我们采用了一个新的方法，即把创建场景的任务外包出去。这次，我们依然用乐高进行实验，而初始结构也是随机搭建完成的。最终，60 名参与者中只有一个人减少了积木数量。接下来，我们又让另外的参与者独自搭建初始结构。最终，只有 5% 的人选择了减少积木数量。同样，在写作实验中，我们为了避免参与其中，让一组参与者自行创作初始文本。这些参与者先对一篇文章进行总结（内容是在一个停车场地下发现了理查德国王的遗骸），完成之后，我们让另一组参与者对总结进行修改。实验结果发现，只有 14% 的人让总结内容变得更加简短。

无论初始的场景由我们团队创建，还是在随机过程中创建，或是由他人创建，人们都在大肆地做加法。

接下来，我们创建了一个鼓励使用减法的场景。在这个场景中，参与者需要对一份华盛顿特区一日游的行程进行修改。根据这份行程，游客要在 14 个小时内不间断地游览白宫、国会山、华盛顿国家大教堂、美国国家植物园、老邮局、福特剧院；他们还将参观林肯纪念堂、二战纪念碑和越战纪念碑。此外，行程活动还包括参观博物馆、购物以及在五星级酒店享用午餐。不考虑华盛顿的交通状况，景点间的往来时间就将超过两个小时。

参与者可以看到初始行程分为两个阶段：上午 8 点至下午 3 点，以及下午 3 点至晚上 10 点。他们可以在拖放式的界面上，通过重新安排、增加或者减少活动来更改行程。但最后，只有 25% 的参与者减少了游览项目。

搭桥、写作、烹饪、制定行程——我们的研究表明：加法比减法使用率更高，这一现象非常普遍。接下来，我们面临的问题是：能否对观察到的现象进行概括，即在其他条件相同的情况下，人们用加法会比用减法更多一些？

为了验证这一点，我们需要设计一个与情景无关的实验，即观察到的所有行为都不能用与该研究相关的东西来解释。我们想要观察人们是如何改变一个环境的。在这个环境中，人们先前并没有任何经验，因而也不会有什么习惯或倾向影响研究结果。这样的设计在很大程度上表明，我们在乐高、汤料配方，以及写作实验中观察到的现象也适用于其他情况。

当本加入我们的团队时，我们还挑选了一名和他一起工作的博士后学生，他叫安迪·黑尔斯，现任密西西比大学教授。在没有研究减法时，他研究的是排斥与可复制性的最佳实践。安迪平日里悠闲自得，但一旦开始设计研究、做研究，或者对自己的研究进行批评时，他就和打了鸡血的本一样。我真是太幸运了。

在协助我们完成一些早期的研究之后，安迪便成为探索情景无关实验的主力成员。他通过迭代研究构建了 6 种不同的栅格模式（如图 1-1 所示），现在，假设你是一名实验参与者，做做这项小测试吧。

你的任务是调整中间黑色线条左右两边的图案，使它们互相对称：将一边的方块拿起来盖在另一边的方块上面，直至两边完全对称重合。要求是调整方块的数量越少越好。

要完成这项任务有两种最佳方案：一种是在左侧加上 4 块深色方块，另一种是从右侧移除 4 块深色方块。两种方案都是正确的，而且也都很简单。

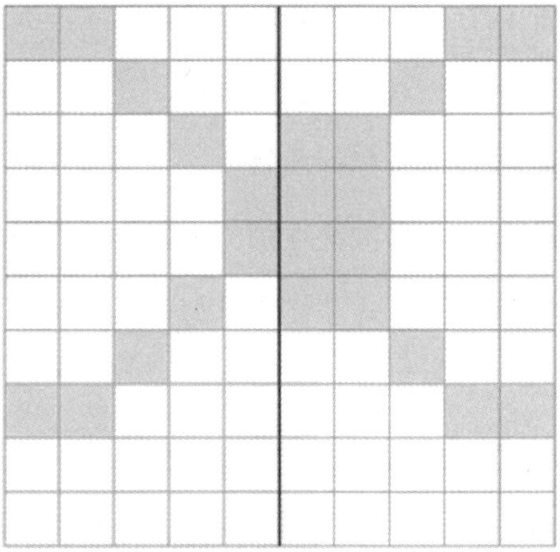

图1-1　安迪的栅格模式之一（由安迪·黑尔斯设计）

即使是在这样没有情景的环境中，参与者也更倾向于增加深色方块。和之前的实验一样，选择做加法的人数要比做减法的多得多，只有 20% 的参与者使用减法来改变网格图案。

安迪的栅格实验证明：仅用习惯无法解释所有增加方块的行为。同样，人们也不会仅仅因为喜欢而增加更多的东西。人们如果认为较大积木结构中的一块或者汤里的西红柿具有内在价值，便不会将它们去除，即使去除之后能优化积木结构、改善汤的口味。但计算机屏幕上的方块没有内在价值，我们不能说在网格上做加法是因为人们喜欢这些电子方块。

安迪的栅格实验也让我们认识到，人们选择加法并不是因为加法比减法更省力。对于乐高，拆下一块积木可能比加上一块更困难一些；对于汤料，食谱虽然就显示在计算机屏幕上，但参与者可能还是会想，在现实中把西红柿从其他食材中分离出来会有多麻烦。然而在网格上，无论是把深色方块变成白色方块，还是把白色方块变成深色方块，参与者都只需点一下鼠标或触摸一下屏幕便可完成操作。我们还需要考虑到，做加法和做减法在脑力上存在的差异，但为什么人们更愿意做加法而不是减法，这从体力上似乎无法解释。

当我向其他研究人员展示这一发现时，经常会有人指出，在安迪的网格中减少深色方块的参与者可能认为自己是在提高亮度；选择拿走积木块的人其实认为自己是在扩大空间；而从食材中除去西红柿的人也是在增加汤的美味。这个问题确实很棘手，于是，我们又借助常识和公认的多与少的概念，开始收集新的证据。

了解人们想法的一个途径便是询问。完成栅格任务后，我们让参与者谈谈改变栅格的方法。“我增加方块是让两边对称”“我减少方块是让两边对称”，这些回答证明了参与者认为增加就是增加，减少就是减少。

这样，实验的证据就更加充分了。

研究需要精心设计，这样做的优点在于，研究中的发现不仅适用于研究本身，还可应用于更多的场景，尤其当多项研究发现同一个问题时更是如此。我不禁想到我们的发现可能产生的结果。

我向本分析道，我们的实验结果有一个有效的解释，那就是：如果减法和加法一样有用，但减法又不如加法用得频繁，那么减法便具有未开发的潜力。人们常常忽略这种改变事物的基本方法，而这种忽略体现在生活中的方方面面。例如，旧金山拆除高速公路进展不顺，家里常常被搞得一团糟，日程安排经常被打乱，头脑总是一片混乱。

但是，对于这样的结果我们并没有做好准备。本提醒我："我们需要从觉得人们忽略了减法，转变为确信人们忽略了减法。"

研究需要提出各种各样的疑问，以避免过早得出类似"我们确信"这样的结论。本的脑子里就有许许多多的疑问。研究也需要信心，研究人员要相信自己一定能成功。在信心方面，我们得到了外界的认可，虽然这其中也不乏敦促我们的声音。本在西雅图的一个决策制定和评判会议上，展示了我们初步的研究结果。[10]虽然不知道他和别人具体谈论了些什么，但他回来后更加自信了，称我们至少有了一个"有趣的现象"。与此同时，我也在普林斯顿大学展示了我们的发现，并借此机会求教于我非常敬重的一位学者，并征询了她的意见。[11]她首先评价道："非常棒。"然后，她又说道："这是个很不错的哲学问题。"她的话与本所说的如出一辙，这也意味着我们在这一问题上还需要做更多的研究。

对我而言，能成为一个很不错的哲学问题，真是再好不过了。发现一个有趣的现象之后，我最喜欢与各种各样的人展开讨论，探讨如何将它应用到人们关心的事物上面。现在，我们的研究工作还有一个关键问题没有回答。好吧，我们做减法是不如做加法频繁，这确实是一个有趣的现象，但背后的原因又是什么呢？知道了原因就可以让我们搞清楚，一味地增加是否会让我们错失某些东西？如果真是这样，我们是否应该更多地去追求简单，而不是复杂？这是一个很好的思路。

对于我们研究中的发现有一种解释一直困扰着我：也许人们主

观上认为减法就是不如加法。人们也许就是喜欢堆更多的积木，喜欢更长的文章，以及深色方块更多的网格。如果添加食材的人喜欢口味更复杂的汤，如果还要往行程中加一座博物馆的人就是喜欢紧凑的安排，那他们都做出了正确的选择。或许他们并不喜欢最终的结果，他们只是喜欢做加法。我们选择加法，或许是因为我们更喜欢自己制作的东西，这就是所谓的“宜家效应”①。[12] 选择加法，或许是因为删减东西就意味着要承认之前添加的属于沉没成本 [13]；或许是因为我们相信：如果某个事物存在，那必定有它存在的理由 [14]；或许是因为失去比收获更令人不安 [15]。当然，摒弃错误理论，拆除一条碍眼的高速公路，废除种族隔离政策也没有失去什么，但正如我们将在第五章读到的那样，人们很容易把减少当成一种损失。

不管出于什么样的理由，如果我们在加法和减法中选择了加法，那么这个“有趣的现象”就未必是一个问题；但假如我们根本就没有考虑到减法，那就说明我们对可能性缺乏全面的认识，也势必会造成错误和疏漏。

人们总喜欢做加法

我们团队需要把“觉得人们忽略了减法”转变为“确信人们忽略了减法”。人们选择紧凑的行程安排，究竟是出于自愿，还是他们根

① 宜家效应指消费者对于自己投入劳动、情感而创造的物品，往往会高估其价值，从而在价值判断上产生认知偏差。——译者注

本没想到可以把时间安排得宽松一些？

在本参加的决策制定和评估会议上，与会专家认为这是一个心理可及性的问题。我觉得，心理可及性与埃兹拉的玩具柜所具有的物体可及性类似：书和美术用品放置在与他视线齐平的架子上，而拳击手套和弹弓则放置在更高的架子上。对埃兹拉的玩具柜而言，可及性影响了他玩不同玩具的频率。同样，可及性也会影响我们运用各种想法的频率。

可及性能提高心理效率。相比于 20 年前用过的一个想法，我们昨天刚用过的想法在今天会更有效。我们将两个想法都储存在大脑中，但我们却更容易想起昨天的想法。可及性有时也会误导我们。[16] 我们可能低估了坐车的风险，而高估了坐飞机的风险，因为空难事故令人印象深刻，所以也更容易出现在脑海中。这样一来，更容易出现的想法让我们选择了更危险的出行方式。[17]

无论是去探望爷爷奶奶，还是改变安迪的栅格模式，我们做出某种行为时，大脑都不会是一片空白。可以肯定的是，改变情景的方式取决于我们有意识地选择，而这些选择又取决于哪种想法最方便快捷地跃入脑海。正如埃兹拉更有可能去拿与他视线齐平的书，我们也更有可能采用最容易想到的方法。不管是参会的专家还是坐在自己餐桌前的本，他们都有这样一种猜测，即我们之所以会忽略减法，是因为我们要做出改变时更容易想到的是加法。

对这样一个猜测，我们可以进行验证。

如果加法比减法更容易想到，我们假设了三种可以消除这种差异的方法：

- 更深入地思考，寻求改变场景的多种方式；
- 有意识地想一想减法；
- 在改变上投入更多的心智带宽。

引导更深层次心理探索的方法就是不断重复，使思维超越第一个跃入脑海的想法。为了验证这一方法，我们再次采用了安迪的栅格模式进行实验。如果我们让参与者用多种方法改变网格，结果会怎样呢？他们最终是否会想到减少深色方格，并且做出这种选择吗？

在这一实验中，我们让参与者先练习三次，再完成“正式”的栅格任务。果然，与练习时相比，参与者在正式测试中更倾向于使用减法。而且与未练习过的参与者相比，练习过的参与者在正式测试中也更倾向于使用减法。一旦人们想到了还有移除方块这一选择之后，他们就更有可能这么做，也更喜欢这么做。更深层次的思考，让人们有更多的机会去寻求减法作为解决问题的途径，也让人们明白他们其实是喜欢减法的。

这项实验和其他类似实验的结果，让我想起了最开始做的关于此项研究的报告。当时我只能说，人们不喜欢拆卸乐高。在报告结束后的讨论中，一位建筑学教授提到他用来帮助学生克服盲点的一个办法，即针对某个问题，要求学生想出 5 个、10 个甚至 50 个解决方法。[18] 只有这样，学生才能对自己的选择展开充分的思考。这位教授提到的方法无论与减法是否有关，但确实与我们最新的研究发现不谋而合。

反复思考可以让人们想到用减法解决问题。受此启发，我们将在本书后半部分着重讨论使用减法的技巧。这也使我们团队更加接近“我们确信”的证据，即忽视减法是有害的。我们客观地接受了更差的结果，并不只是因为我们主观上喜欢加法，而是因为我们最开始就没有想到减法。

我们对可及性的第二个测试是让人们意识到还可以选择减法，而不考虑大脑是如何储存加法和减法的。我们为这些实验设计了一些任务。参与者完成任务后回想起来，会觉得减法的确是最佳选择；如果能想到减法，参与者就应该选择用减法来完成任务。

这个时候，本的儿子也快要过了崇拜超级英雄的阶段。利用他闲置的玩偶和埃兹拉多余的积木，我们做了突击队三明治研究。在这项研究中，我们让参与者调整一个由乐高构成的、类似三明治的夹层结构，使其足够坚固且高大，从而能够承受突击队玩偶上方砖块的重量（见图 1–2）。

每位参与者都拿到了图 1–2 所示的积木结构，这个结构包含上下两块平行且水平放置的积木板，两块积木板之间由一根柱子相连接，柱子下端宽大，上端仅有一块积木与顶端的乐高积木板相连。我们告诉参与者：“改进这个结构，使其能承受玩偶上方的砖块而不倒塌。”

我们还激励参与者：“成功完成任务者，将获得一美元，每增加一块乐高积木则倒扣十美分。”

来试试吧。

图1-2　突击队三明治的研究表明，我们在特定场合下会忽略减法（艾略特·普里奇摄）

完成这项任务的最佳方法，就是移除柱子较窄处的那块积木，这样，顶端的积木板就可以合在柱子宽大的顶面上，既稳定了结构，又留有足够的空间，避免玩偶被砖块压扁。

移除一块积木是解决问题最快捷的方法，而且只有这样，参与者才能拿到一美元。

然而，他们还是更倾向于增加积木，而不是减少。这证明做加法也会带来坏处，至少在改变这样一个积木结构的问题上，确实不是最好的办法。

此处积木结构的细节并不重要，因为我们不关注有多少人想到了减法，我们想知道的是，想到减法的人使用减法的比例是否比没有想到的更高。

为了让人们更容易地想到减法，我们会给部分参与者一些隐晦的提示或者线索，暗示减法也是一种选择。如果那些获得线索的人更多地使用了减法，那就说明没有获得线索的人忽视了减法。

实验人员告知全体参与者："成功完成任务者，将获得一美元，每增加一块积木则倒扣十美分。"同时，通过随机分配可获得线索的参与者会得到以下提示："移除积木不加钱也不扣钱。"

这一句提示便是线索，也是两组参与者之间唯一的区别。

在没有线索的一组中，41% 的参与者减少了积木的数量；而在给出线索的实验组中，减少积木的参与者占 61%。获得线索的参与者平均拿到了 88 美分，金额比未获得线索的参与者高出 10%。这一句话的线索简单而微妙，如果没有这句提示，他们的收益可能也不会有这么多。这也似乎证实了，没有获得线索的参与者不用减法并不是因为他们不选择减法，而是因为他们根本没有想到用减法。

为了进一步证实我们的结论，我们通过亚当斯设计的实验收集了更多的证据。她可不想一直沉浸在乐高里，于是设计了另外一个实验。在这个实验中，参与者要把自己想象成迷你高尔夫球场的经理助理。研究者先让参与者看了球场上的一个球洞的图片，然后让他们列出不同的方法，用较少的钱对这个球洞进行改造。提示所有参与者

“用较少的钱”其实就是在鼓励他们使用减法。同时，我们设计的迷你高尔夫球洞也为参与者使用减法创造了机会。想要让进洞更具挑战性的参与者可以移除拐角处的防撞垫，这样经过此处的球便可以有一个反弹，而想要让进洞更简单的参与者则可以直接移除沙坑障碍。

与乐高三明治一样，随机分配的一组参与者会收到一条书面提示：“记住，你可以在洞口前增加一些东西，也可以移除一些东西。”

这一提示既可以让他们想到加法，又可以想到减法。结果显示，这条提示让减法的使用率从 21% 增加至 48%，但没有提高加法的使用率。由此我们得知，线索中提示增加东西的那句话是多余的，因为人们的脑子里早就想到了加法，而“可以移除一些东西”的提示才让人们想到了减法。

迷你高尔夫实验还带给我们另一个重要的启示。改变有各种各样的目的，大多数时候是为了改善现有状况。比如，苏·比尔曼想要改造旧金山的滨海区；埃莉诺·奥斯特罗姆想让大家知道，人们是如何管理公共资源的。有时候，改变是为了扰乱甚至破坏现有状况，比如，利奥·鲁滨逊致力于废除种族隔离制度。为了研究人们进行破坏性改变时为何也会忽略减法，我们进行了另一个迷你高尔夫实验。在这个实验中，我们让参与者给对手搞一个友善的恶作剧，即改造对手的球洞，增加对手的击球难度。结果显示，无论改变的目的是让状况“更好”还是“更坏”，有了“既可以使用加法，也可以使用减法”的提示之后，参与者都提高了减法的使用率，但并未提高加法的使用率。这些实验结果意味着，忽视减法不利于我们创建更美好的城市，也阻碍了我们消除种族主义。

现在，我已经确信加法比减法用得更加频繁，有时是根本没有想到还可以用减法。对此，我们错失了很多更好的选择。希望你也能够认同我的这个观点。接下来，让我们进一步加深对这一问题的认识。

迷你高尔夫实验之后，我们团队还需要研究心智带宽可及性的问题。我们的心理处理能力可能同时面临相互冲突的问题，[19] 这也是开车需要专心，不能同时与两方对话，以及贫穷和对金钱的忧虑会让我们无法顾及生活其他方面的原因[20]。在第二章，我们将探讨大脑如何下意识地做减法来保护珍贵的心智带宽。在第八章，我们会学习到该如何有意识地做减法。但在本章中，为了证实心智带宽可及性，我们想改变带宽，然后观察接下来会发生什么。从理论上说，提高心智带宽本应该让人们更容易想起减法，反之亦然。

不出所料，即使花了数千小时研究人们对减法的忽视，我们的第一反应还是提高参与者的带宽。我们考虑给人们更多的思考时间。我们是否可以把修改过的指令随机分配给一些参与者，让他们花 5 分钟考虑一下自己的选择，然后再选出自己最喜欢的呢？但是，这样做也无法确定参与者是否真的用这 5 分钟来考虑实验选项，而不是其他内容。

如果我们降低带宽又会怎么样呢？人们是否会比平时更难想起减法呢？我们已知一些干预措施会引起认知负荷，从而可以降低带宽。现在，我们可以利用安迪的一系列栅格模式。对这些栅格而言，减法不仅仅是和加法一样有效的改变方式，如果能想到，它其实远胜于加法。在栅格实验中，参与者的任务是用最少的点击量，让从左到右、从上到下的网格一一对称。这样的对称可以通过增加三块白色方块来实现，但要想做到点击量最少，只有通过减少深色方块才能实现。参与者只有想到了减法，才能做出正确的改变。

在线下实验中，对照组的参与者需要在坐姿自然的情况下完成栅格任务。为了降低其他组参与者的带宽，我们会对其他组的参与者发出一系列指令："请转动你的头，注意下巴的小幅度转动，你觉得朝哪个方向舒适就朝哪个方向转动。转动的时候动作要平稳、连续，幅度不要太大。请你在完成一整套栅格任务的过程中一直保持这个动作。实验现在开始。"

如果你愿意，也可以试试，只要记得在继续阅读之前停下来就好。

在线上实验中，当参与者在改变方块时，我们会发送一串数字到他们的屏幕上，告诉对照组的参与者忽略滚动的数字，而告诉降低带宽组的参与者在出现数字 5 时按 F 键。

采用各种栅格模式对 1500 余名参与者进行测试之后，我们发现，降低带宽会降低减法的使用率。结合线索引导参与者进行更深层次的思考之后，带宽因素再次为我们提供了证据，证实了忽略减法的首要原因是我们根本没想到减法。

正如那次和亚当斯探讨埃兹拉的积木桥一样，我们探讨带宽实验结果时也陷入了困境。我们一起猜测、讨论、阅读、分析，足足花了数千个小时才得出结论。有些讽刺的是，当时我们在名为"subtract to improve"（以减求变）的共享文件夹里足足建了 250 余个子文件夹，共 1700 份文件。安迪最终承认他相信了可及性。本对此表示认同，笑容灿烂地露出了花白胡须下的大白牙。亚当斯在前往加州的旅途中加入了我们的会议，她提醒我们还要着眼于更宏观的图景：我们还得认识到，这种做加法的倾向也意味着容易忽视其他方法。而当我们最终看到减法时，发现减法真的挺好的。

减法被忽略的背后

用乐高积木、迷你高尔夫球洞和安迪的栅格实验来研究减法的好处在于，在这些实验环境中，条件可以得到严格控制。我们可以去除不确定因素，从而排除忽略减法的其他原因。当两组参与者在计算机屏幕上改动栅格模式时，我们可以让两组之间只存在一点差异，那就是让其中一组一边完成任务，一边汇报屏幕上的数字。如果该组参与者想到使用减法的比例更低，那么我们可以确信这是心智带宽降低所致。

现实世界的变化比我们有意设计的实验要复杂得多。一些旧金山居民可能很难想象拆除滨海高速公路会是怎样的情形。但缺乏可及性，想不到使用减法，还不足以提供完整的解释。

可以肯定，我们还要综合心理、文化和经济等各种因素，才能最终解释为什么减法会被忽略，为什么旧金山要花费几十年，经历过一场地震之后，才会拆除那条碍眼的公路。我们团队的发现也催生了各种更高层次的问题。童年时，搭乐高；成年后，往家里添置东西，我们对加法的依赖究竟有多深？遗传因素能否解释这一现象？物质财富和物质匮乏会提高或降低减法的使用率吗？

正如我们接下来即将看到的那样，忽视减法有着深刻且复杂的先天和后天因素。这些因素从蒙昧的远古时代到现代社会，从多个学科和职业领域都可以寻求解释。我们对这些原因了解得越多，就越能挖掘减法的意义。

无论是搞建筑、烹饪、思考还是写作，我们都忽略了减法；组建公司、安排日程、构思时，也会忽略减法；当我们试图把事物改造成想要的模样时，仍然如此。如果不做出改变，我们就会错失许多让生活更充实、机构运作更高效、地球更宜居的途径。[21]

那么，我们是如何走到今天这一步的呢？

第二章
人类做加法的本能

展示自身能力的本性

园丁鸟会花费大量时间和精力建造精致，但似乎并没有太大用处的巢穴。[1] 根据品种的不同，有的雄性园丁鸟会围着小树苗放置木棍，形成一座圆形窝棚；有的则是用木棍立成几面墙，再围成一间小屋。就像地产商装修房屋一样，园丁鸟会使用贝壳、花朵、浆果，甚至是硬币、钉子和子弹壳等各种各样的东西来装饰它们的巢穴。搭建和装饰完成之后，雌性园丁鸟会对鸟巢挨个儿进行检查，然后选择最心仪的鸟巢。显然，每只雌性园丁鸟只需要决定住在哪个鸟巢就行了。

雌性园丁鸟一旦选择了自己最喜欢的鸟巢，就会与建造鸟巢的雄性园丁鸟交配。但是交配之后，雌鸟会自己修筑另外一个鸟巢。这个鸟巢才是雌鸟栖息并哺育下一代的地方。所以，从传统的观点来看，雄鸟修筑的鸟巢从未被用作传统意义上的巢。它们付出大量心血修筑华丽的鸟巢，其目的就是证明自己具有良好的基因。

还记得我在第一章提到的，在研究减法时所做的那些记录吗？有 250 多个子文件夹和 1700 份文件。当然，其中一些子文件夹和文件对于保存记录是必需的。如果有人想要了解我们的研究成果，我们希望能够将每一个细节都分享给他。也许我们可以从一些旧的文档中进行复制和粘贴，但要是为了后代，将论文草稿从第一稿到第十八稿全部保留下来（我希望自己只是在夸大其词），恐怕也没有这个必要。这里说到电子文档你会更清楚一些，但可以肯定的是，面对很多实实在在的物品，很多人也都和我一样：在一份报告中会保留一些不必要的内容，或者把根本不打算读的书摆在外面。

那么，我过度存档的行为会不会像园丁鸟那样，是与生俱来的本能，还是进化优势哪里出了问题？毕竟，生物体产生各种行为有一个最基本的原因，那就是表明自身具有正常的生理功能。园丁鸟也一样，雄性园丁鸟擅长筑巢并装饰鸟巢，说明它的生理功能是正常的。那么，对我来说，新建一个文件夹又说明什么呢？

这里不妨说一下哈佛大学心理学家罗伯特 · W. 怀特在 1959 年的一项研究。基于这项研究，我们看到文件夹的问题似乎与进化有一定的关联。在一篇引用率超过一万次的论文里，怀特认为我们“应对环境的内在需要”不仅是为了生存，而且是为了避免无助感。怀特用“能力”（competence）一词来定义他的主要思想，以此表明我们与世界接触有怎样的感受。[2] 1977 年，斯坦福大学心理学家阿尔伯特 · 班杜拉对怀特的观点进行了拓展并得出结论：成功完成任务是我们满足内在需求的一种途径。[3]所以，当我们根据清单检查了项目的完成情况，或者对文稿完成又一次修改之后，我们会感到很愉快。这其实也是我们从生物学的角度获得的一种满足感。

为什么我们展示自身能力的内在需求会排斥减法呢？其实，埃兹拉去掉乐高积木与他加上乐高积木一样能认识这个世界。我们同样也可以通过减法来培养自己的能力，只不过问题在于，用减法来表现自我能力可能更困难一些。

当我们将事物从原来的样子转变为我们想要的样子时，我们需要拿出东西来证明——向同伴，向竞争对手，同时也是向自己。增加一条高速公路或一个文件夹，可以表明我们有所作为。但就像从旧金山的海滨拆除恩巴卡德罗高速公路一样，我清理掉几个文件夹留不下任何痕迹。无论减法的行为多么有益，都不可能为我们所做的事情留下那么多证据。

在第一章中，我们看到人类忽视“少”的第一个原因是人类根本没有想到。要将“少”也看作一种选择，首先就要想到有这样一个选择，而我们往往没有想到。但是，疏忽并不是我们不做减法的唯一原因。正如我们将在本书中读到的那样，我们的生物特性（本章）、我们的文化（第三章），还有我们的经济（第四章）不仅导致了这种疏忽，还会让我们即使想到了一些有利的减法，也不愿意去做。

当然，生物、文化和经济的力量有可能是叠加在一起的。修筑高速公路是能力的体现，同时也刺激了旧金山的汽车文化，继而改变了城市未来发展的经济成本和效益。所有这些力量叠加在一起，就造成了一个“互为因果”的死结。但多种力量的存在对我们来说也是件好事。从多个不同的角度理解加法，也能让我们从更多的途径寻求减法。

所以，让我们先来研究一下生物学上的增加。不得不说，进化的力量确实根深蒂固，它有助于解释我们对变化的理解为什么会出现扭曲。这种力量让筑巢的园丁鸟、修筑高速公路的人类，以及其他所有生物能够生存下去，并将各自的基因传递给后代。那 250 多个子文件夹是我们研究团队建立的，但进化创建了我们的研究团队，也创建了一支意欲展示能力的研究团队。[4]

天生获取物品的本能

遗传检测公司在告知检测信息时表达得很巧妙，说我身上遗传的尼安德特人的基因“不到 4%”，这样确实比说“超过 3%”要好听得多。

我是最早接受商业化基因遗传测试的一批消费者。我需要将唾液吐入一支塑料试管中，在试管上写上我的名字并寄至一个指定的地址。现在，遗传检测公司会源源不断地将更新的信息发送给我。在大多数情况下，信息更新是因为新的唾液提供者，是比我父母亲要高四五辈的先祖一个支系下的兄弟姐妹。

不过，一条令我印象深刻的信息是我与尼安德特人的关系。信息除了提到我遗传的尼安德特人基因“不到 4%”，还强调几乎所有人，只要没有撒哈拉以南非洲近代的血统，就都遗传了尼安德特人的一部分。信息还说现代人与尼安德特人之间的结合可以追溯到 4 万年前，横跨了今天的欧亚大陆。[5]

事实证明，4 万年前是人类历史上的关键时期，这一时期对于我们加法和减法兴趣的形成也尤为重要。[6] 这一时期，是人类向“行为现代性”过渡的开始。从那时起，我们的祖先发展出了新的能力，可以对物质世界并不存在的东西进行思考。[7] 人类第一次可以想象出“少”与“多”对于未来的意义。

在行为现代性之前，加法和减法都不是有意识的选择。由于人类根本无法想象新的情况，因此任何变化都只能通过直觉来完成。

为了研究生物学的力量如何引导人类更多地使用加法，我们也需要从这一时期着手。

在行为现代性的初期，生存意味着不断寻找食物，这是一项艰巨的任务，也是人类的基本活动。4 万年前的人类一直都是依靠狩猎和采集为生。[8] 我的祖先则是在过去大约 10 万年的时间里，从东部非洲穿越红海狩猎，到达阿拉伯半岛的东南部，然后又进入中东和中亚。在那些地方，觅食就意味着寻找野生茄子，或者用石头当武器猎杀猛犸象。

如今，对我们许多人来说，生活不再仅仅是为了觅食，健康的身体甚至需要少吃东西。[9] 但是，我们仍然喜欢吃。在我们寻求卡路里摄入的悠久历史中，饮食帮助我们生存并将基因一代又一代地传下来。尽管我努力克制食欲，但有时还是会忍不住把一整袋薯片吃光，就算已经吃饱了也停不下来。这时，我又要抱怨这种进化出来的本能了。

但是，埃兹拉买新滑板赠送的帽子小了，我依然把它留了下来，这又是出于什么考虑呢？在人类进化的过程中，普遍存在食物供应不确定的情况，但帽子却没有这个问题。我在脸书里添加从未谋面的朋友，这也归咎于进化吗？做加法导致致命的后果，你能说这是进化造成的吗？

1947 年 3 月 21 日，荷马 · 科利尔的尸体在纽约哈林区的一幢 4 层褐砂石住宅中被发现。[10] 警察发现他穿着破烂的浴袍，浴袍裹在腰间，一头长而乱的白发搭在膝盖上。

但此时，荷马的弟弟，也是一直照顾荷马的兰利 · 科利尔却失踪了。有传闻说兰利登上了开往大西洋城的公共汽车，于是警方沿新泽西海岸展开了搜索。他们找了 9 个州，但最终一无所获。

科利尔兄弟的父亲是曼哈顿的妇科医生，母亲是歌剧院歌手，从小家里的生活条件优渥，兄弟俩也先后获得了哥伦比亚大学的学位。在 1932 年以前，兄弟俩过着相对正常的生活，但 1932 年，荷马身患中风并失明，兰利便辞去了工作照顾荷马。

据兰利说，他给哥哥洗澡，帮助他进食，还为他读诗人荷马的经典文学作品并弹奏钢琴曲。兰利希望能通过休息和严格的饮食来治好荷马的失明，其中包括每周食用相当于 100 个橙子含量的维生素 C。但是荷马最终也没有恢复视力，并且因关节和肌肉发炎而瘫痪。如果及早将他送去看医生，他其实是可以得到治疗的。

当警察发现荷马的尸体时，他们还发现了兄弟俩数十年来添置的各种东西。[11] 各种报刊是兰利保存的，以便荷马能够在橙子中的维生素生效之后读一读上面的新闻。兄弟俩没有孩子，家里却有婴儿车和小椅子。他们还有马车的顶篷、福特 T 型车的底盘以及 14 架钢琴，所有这些都放在他们这幢褐砂石的住宅中。由于屋里堆的东西太多，有些甚至顶到了天花板。

在堆满各种各样物品的房屋里，兰利构建的简直就是一座三维迷宫。他和荷马就像仓鼠一样，生活在巢穴般迷宫的开口处。

发现荷马的尸体之后，人们对兰利展开了搜寻。流浪者从四面八方围过来，看着一件又一件的东西从兄弟俩的屋里搬出来。终于，两个多星期之后，警察找到了兰利。他腐烂的尸体离发现荷马尸体的地方只有 10 英尺（约 3 米）远。

这番情景让一切都真相大白了。兰利早于荷马死亡，死亡的原因是窒息。警方认为，兰利一定是在一条迷宫隧道中爬行时，堆积的物品塌下来把他给压住了。而荷马得不到照顾，也就被饿死了。

科利尔兄弟俩都没有孩子，不过他们那种不断添置东西的本能欲望或多或少都存在于我们的基因中。

斯特凡妮·普雷斯顿是密歇根大学的教授。她在研究人类的“获得渴求综合征”、我们如何获取东西，以及为什么要保存东西等方面是权威。[12] 对于这一问题，普雷斯顿设计了一项物品获取任务。[13] 该任务就像安迪为我的团队设计的栅格一样，为普雷斯顿提供了一项基于计算机的实验方法，并且可以进行精确的控制。

在任务的第一部分，参与者随机看100多件不同的物品，一次看一件。当每件物品出现在参与者的屏幕上时，任务就要询问参与者是否想要获取这件物品（已提前告知参与者这只是虚拟物品）。所有的物品都免费，但用途各异，参与者会根据自己的需求进行选择。

物品包括香蕉、咖啡杯、电源延长线以及许多其他可以免费获取的东西；还有一些物品可能就没那么有用了：两升装的空瓶子、用过的便笺，以及过期报纸。

选择一件物品之后，该参与者选择的所有物品都会被全部呈现出来。例如，选取了70件物品的参与者会在屏幕上看到自己选择的所有70件物品。

这项任务也鼓励他们清除一些物品。

首先，参与者被告知如果他们愿意，可以清除他们选取的一些物品。

其次，他们面临一项挑战：必须减少选取的物品，以便购物车能够装得下。

最后，参与者得进一步减少他们选取的物品，因为购物车变成了一只购物袋。

现在的目标已经很明确了：购物袋需要装下参与者选取的所有物品。参与者还可以从屏幕上获得实时反馈，了解一只购物袋能否装下他们留下的所有物品。然而，许多参与者最后选取的物品都装不下一只购物袋，很多人的物品连购物车都装不下。人们连没用的东西都不会去除，虚拟的物品也不例外。所以，这项任务就无法完成。

在实验中，东西选取太多而减少不了，这听起来似乎很愚蠢。在现实生活中，这种行为则会干扰正常的生活，于是就显得有些可悲了。正如压力与暴饮暴食有关一样，普雷斯顿发现压力也与做加法的倾向有关系。[14] 在极端情况下，选取物品时忽略减法，甚至有可能是患有严重焦虑症和抑郁症的表现。换句话说，我们这些选择保留免费电源延长线和咖啡杯的人都表现出一定的获得渴求综合征，只不过比导致科利尔兄弟死亡的那种需求要和缓一些罢了。[15]

就像我们团队早期的研究一样，普雷斯顿的物品获取实验表明，人们在对待加法和减法的问题上是有偏见的。普雷斯顿的其他研究也表明，这种行为可能有其生物学上的根源。

在另外一项研究中，普雷斯顿选取了鼠袋鼠作为研究对象，因为它们会在野外存贮食物。普雷斯顿发现，当鼠袋鼠发现自己的食物被偷走之后，会再次寻找食物囤起来。[16] 当第一次读到这一信息时，我并没有对这种行为予以重视。我们人类的食物库存不多了，就会去买食物，而鼠袋鼠也一样。

为了理解鼠袋鼠存贮食物的重要意义，我不得不提醒自己，鼠袋鼠和行为现代性之前的人类一样，它们没有抽象的思维。它们把食物存贮起来，不可能是因为考虑到要改变当前没有食物储备的状况，从而存贮更多的食物。所以，囤积食物应该是对环境的一种无意识反应。这种本能帮助鼠袋鼠存活下来，并将这种基因遗传给了下一代。

我们在其他哺乳动物甚至鸟类中也观察到了同样的本能。[17] 如果某些动物（如鸟类和哺乳动物）从几亿年前的共同祖先进化而来，而在它们身上发现了相似的行为，那么该行为很有可能就是一种生物本能。这也是人类自诞生起就具备的一种本能，并且还将一直延续下去。[18]

同时，这种获取食物的本能也会拓展到对其他物品的获取。参与者在获取物品时，神经科学家将参与者的脑部与显示大脑活动的仪器相连，从而证实了其他物品的获取与食物获取一样，都能激活大脑中的相同奖赏机制：中脑皮质通路。该通路始于我们大脑的外层——大脑皮层，将我们的思想和行动与目标联系起来，然后进入负责情感的中脑，并深入中脑腹侧被盖区，即多巴胺通路的起始位置。[19]

因为中脑皮质通路连接了大脑中负责思维和感觉的部分，所以进食会让我们感觉到愉快。可卡因等毒品，以及网站设计都可以激发相同的奖赏途径，让我们在添加脸书朋友、浏览推特或者购买图书时，不停地点击刷新，完全停不下来。[20] 对喜欢囤积物品的人来说，即使用过的便笺也是有用处的。

所以，即便是一些简单的行为，也需要大脑许多区域相互协调。也就是说，发现特定奖赏机制的作用，便可以证实我们对加法的运用确实是根深蒂固的。此外，由于我们获取物品的行为映射至大脑的一个关键激励系统，所以我们就很难再去寻求替代方法，例如减法。这种倾向于做加法的奖赏机制，自古以来就对人类寻求食物起到了很大的作用，所以是很难被关闭的。所以，尽管我根本不可能戴那顶免费的滑板帽，但我还是没有丢掉它。

从本质上讲，我们获取物品的本能使我们倾向于要更多的东西。

只是作为现代社会的文明人，如果要离开城市两周，离开的前一天储存大量香蕉的冲动还是能抵制住的。对一个家庭来说，三明治机的用处也不是那么大，就像失去视力的荷马·科利尔面对一堆旧报纸一样。对于获得性渴求过于强烈的群体，我们现在甚至还有一些治疗措施，比如认知行为疗法就可以帮助他们抵消这种遗传倾向。[21] 总之，我们对做加法的本能了解得越多，就越能更好地抵制这种本能。

感知相对数量的本能

4 岁的埃兹拉还不懂得蔬菜的价值，所以我们会让他在吃甜点之前先吃三勺蔬菜。一天晚上，埃兹拉忘记了吃他的三勺豌豆，不过他此时已经把巧克力蛋糕吃完了。因为他不喜欢把蔬菜放在最后吃，所以就说："我明天吃吧。我明天吃五勺。"

我的妻子莫妮卡认为，这是一种谈判策略——埃兹拉试图从两天的摄入量中减少一勺豌豆。基于我们对于本能的定量分析所产生的可靠数据，我告诉她我们的儿子犯了一个诚实的，但又是可以预见的错误。对此，她并没有太在意。

在过去的 40 年里，哈佛大学的伊丽莎白·斯佩尔克教授一直致力于研究婴幼儿思想。对孩子的研究帮助斯佩尔克将遗传因素分离出来，让我们单独看到其在个体学习与发展中的作用。[22] 她有一项实验与埃兹拉吃豌豆，以及我们忽略减法有关。[23] 实验的参与者都是五六岁的儿童，他们都认识数字，但还没有学过加减法。

斯佩尔克想看看儿童，甚至包括所有人对于增加和减少是否存在某种本能。

斯佩尔克实验室的研究人员给每一个参与者三个数量关系，用文字表述出来就是：

- 罗丝有21颗糖果。
- 她又得了30颗糖。
- 埃达有34颗糖果。

然后，研究人员会问孩子："谁的糖果更多呢？"

如果孩子的回答是"罗丝"，那太好了，说明答对了。但这些孩子并不会做加减法，他们只是凭感觉。[24]

对此，可能有人会质疑，觉得研究存在漏洞：也许这些孩子确实懂算术，只是在研究人员的筛查测试中孩子们并没有将自己的算术能力展示出来。

但斯佩尔克的研究排除了这一可能。研究人员会调整文字表述中的数量关系，以至进行比较的数量可能非常接近，所以单靠儿童的直觉无法提供正确答案。比较的数量越接近，靠粗略的估算就越难获得正确答案。而如果运用算术，是不难得出正确答案的。

例如，对依赖直觉的儿童来说，下面的问题应该是很难解决的：

- 罗丝有14颗糖果。

- 她又得到了 19 颗糖。
- 埃达有 34 颗糖果。
- 谁的糖果更多呢？

要准确回答出“埃达”，要学习算术才行。

对于这些数量比较接近的问题，孩子们给出的答案完全是随机的。比较的数量越接近，孩子们给出正确答案的可能性就越小。

他们靠的都是直觉，而不是算术，就像埃兹拉提出要吃五勺豌豆一样。

斯佩尔克的此类研究为我们提供了令人信服的证据，证明我们在学习数学之前，对数量也是有感知的。[25] 与触觉、视觉、嗅觉一样，我们也能感受到多与少。

斯坦尼斯拉斯 · 德阿纳在他的《数的感知》(*The Numbers Sense*) 一书中，综合了自己与其他研究者的发现，证明这种先天的感觉无处不在。[26] 对尚未学习数学的孩子来说，他们可以通过直觉进行数量关系的比较。这对亚马孙原始部落的人来说也是一样的，尽管他们从未学习过算术。事实进一步表明，老鼠也能感知多与少。

那么，人类和其他动物是如何在不懂数学，甚至没有语言的情况下感知数量的呢？对此，德阿纳用最简单的汽车里程表做了一个类比：“汽车每行进一英里，齿轮就向前走一格。”[27] 这种简单的装置可以记录累计的里程数，所以生物也可能具备这样一种机制，这与智力水平的高低无关。

还有更多的研究也支持这一理论。脑成像研究表明，当我们估算时，特定的大脑网络会被激活，这些网络与另一些已知的有助于感知时空的网络紧密相连。[28]

甚至还有一种被称为“近似者”的患者。这类患者大脑受到损伤，因而大脑中的计算网络受到影响，但感知数量的网络却是正常的。当要求给出“2+2 等于几”的答案时，“近似者”给出的答案要么是 3，要么是 4，要么是 5。但是，德阿纳又说：“患者不会给出像 9 这样不靠谱的答案。”“近似者”的数学网络不再起作用，但和埃兹拉一样，他们仍然能够感知多与少。

在行为方面，现代人将抽象思维这一新的能力与认知数量的本能结合在了一起。无论是在狒狒骨头上刻标记，还是在山洞的岩壁上画记号，都离不开这两种能力。[29] 从最早的计数形式开始，数字与数学使我们能够将意义接近的概念区分开，例如，是 33 颗糖果，还是 34 颗糖果。通过这种方式，数学使我们大脑中的里程表得到了强化。

当第一次听到拿里程表做类比时，我觉得这对减法似乎不公平。至少在我看来，这意味着我们只需要能够感知更多就行了，里程表上的数字都是只增不减的。这到底是类比的缺陷，还是我们对量的感知就真的和里程表一样，偏爱更多而不是更少？我自己的研究表明，这两个方面都是存在的。

要了解其中的原因，知道我们能对此做些什么，我们需要更深入地了解我们的直觉。当没有具体数字时，我们会觉得大数量之间的差异要小于小数量之间的差异。其他感觉（例如声音和味道）也是如此。给蔬菜撒第一匙盐，我们会觉得味道的变化是最大的；将耳机音量从一格增至两格，听起来比从八格增至九格变化更大一些。我们感觉到的变化取决于初始状态。[30]

从进化的角度来说，这种感知相对变化而不是绝对变化的本能是有益的。对我们居无定所且忍饥挨饿的祖先来说，猛犸象是八头还是九头的差别远不如是一头还是两头的差别那么大。无论是八头还是九头猛犸象，这样一个群体对于人类生存的威胁，或者作为人类的猎物都无太大差别。但是，如果只有一头大象，用石头击倒它要比击倒两头大象容易得多。

所以，重要的不是增加的绝对数量（两种情景下增加的数量都是一头），而是增加的相对数量：从八到九，猛犸象的数量增加了13%；从一到二，数量则增加了100%。如果我们靠的是直觉，那么一到二的变化就要大于八到九的变化。数量越大，我们感知到的新变化所带来的差异就越小。

了解了我们对于相对数量的感觉如何起作用之后，就可以提出一个关键性问题：这种感觉更倾向于做加法吗？这种感觉是否对减法不利呢？

让我们回到孩子和糖果的实验中来。尽管80颗糖果减去30颗，与20颗糖果加上30颗，结果都是50颗，但从孩子们用直觉估算的情况来看，前者的结果不及后者准确。如果孩子们是通过在20的基础上增加30来得到50的，那么他们的准确度是基于对于20和30的感觉；相反，如果孩子们是通过在80基础上减去30来得到50的，那他们的准确度则是基于对 30 和 80 的感觉。

在两种情况下，孩子们对于 30 的感觉是相同的，但对于 80 的感觉却不及 20 那么确切。

当在做近似估算时，我们的准确度不取决于最终的数量，而是取决于要获得最终数量所需的增减量。这就意味着，对于相同的问题，加法应该比减法更准确。这也就是我们常说"从小处着手"的原因，很难想象"从大处着手"是什么样的。

凭借第六感，我们知道自己可能确实忽略了减法。你是否很难想象拆除一条高速公路后给一座城市带来的变化，或者撤资给种族主义制度带来的影响？我想，缺乏对"少"的直觉，或许是我们很难想到减法的一个原因吧。就像我们具有获取物品的本能一样，我们对于数量的本能当然是求"多"，而不是求"少"。

早于德阿纳的三个半世纪之前，法国还出现过一位杰出的科学家，他叫布莱兹·帕斯卡尔。现在，一个压力单位、一种编程语言，还有一套受精算师和赌徒欢迎的概率论都是以他的名字命名的。但如此聪明卓绝的帕斯卡尔也忽略过一种类型的减法。[31] 在他的《思想录》一书中，他带着几分沮丧地写道："我知道有人无法理解 0 减去 4 的结果是 0。"

尽管这一说法在我们看来有些奇怪，但它与当时的想法是一致的——狩猎的猛犸象头数不可能少于 0，在狒狒骨头上做的标记数也不可能少于 0。在帕斯卡尔所处的时代，无数的杰出思想已经将代数、几何，甚至微积分带到了这个世界，但在他们看来，负数是无法解决问题的。[32] 帕斯卡尔认为，0 减去 4“纯粹是没有意义的”，因为其结果为负数。

许多减法的实例（例如哈佛大学对儿童进行的测试）都不会产生负数。而帕斯卡尔在数学上下这样的论断，恰恰体现了我们对于相对数量的一种直觉。如果不愿意去想一些减少的实例，我们当然不会继续深入地研究。

回想一下，你在算术课上是如何学习减法的，或者，如果你身边有正在学习算术的孩子，不妨留意一下他们的学习过程。在这一过程中，我们通常使用有形的物品，如诱人的糖果或者苹果来帮助孩子理解抽象的数字。首先是具有一定数量的某种物品，然后拿走其中的一部分，这就是数学老师所说的固定思维模式。

这样的固定思维模式可以让孩子对“多”与“少”有直观的认识，但前提是结果必须是正数。假设你只有 6 岁，遇到这样一道题：

- 罗丝有 5 颗糖果。
- 从她那里拿走 20 颗糖。

那你肯定是被骗了，或者会像本的儿子在接受实验时那样疑惑地问道：“那怎么可能啊？”

如图 2-1 所示，我们对相对数量的直觉让我们很难准确地想象减法的结果，而且还是想象减掉的比实际存在的还要多，那真是“不可思议”。

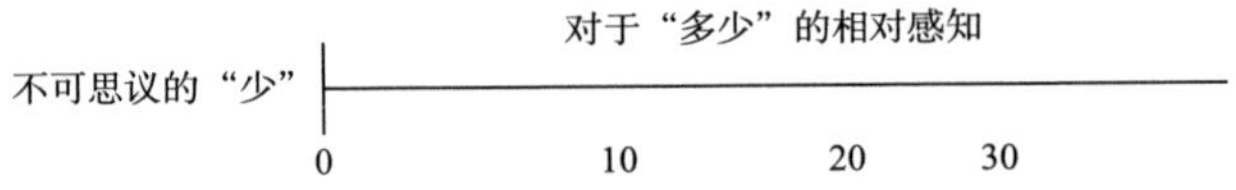

图2-1　我们对于数量的固定思维模式与直觉是如何影响减法的

对于固定思维模式，帕斯卡尔是对的。如果我们衡量苹果、糖果或者豌豆的多少，负数确实没有意义。

与固定思维模式不同的是距离模式，该思维模式不是将抽象的数字与物体联系在一起，而是让我们在脑海中形成一根数轴。[33] 在距离模式中，当 7 岁的你被要求从 5 里面减去 20 的时候，你会首先在大脑中把每个数字放在数轴相应的位置上。你的回答会是 15，这正是 5 与 20 之间的距离。7 岁的你现在已经能够得出正确的数字了，只是还没有加符号。

只有当你利用距离模式，理解了负数的意义之后，才能为数字加上正确的符号。例如，一位好老师可能会告诉她的学生：操场白天的温度是 5℃，夜间会下降 20℃。如果学生对摄氏度有一定的概念（确实非常寒冷了），那么他们就能想象得出 0℃以下的情景。0℃不是最低温度，而只是水结成冰的温度，这提醒我们存在比 0℃还要低的温度，即 $5-20=-15$。

负数这一抽象概念违背了直觉，除非我们能将其投射到大脑能够理解的场景中。温度低于 0℃是可以理解的。比如，如果你的孩子是崭露头角的精算师，让他算算支出高于收入的情况；如果你打高尔夫球，可以努力打出低于标准杆的击球。

从固定思维模式转变为距离模式，这是我们的第一个例子，从中我们可以看到如何通过变换视角来实现“更少”。做减法究竟是一种选择还是不可能，这取决于我们的视角。

让我们回到利奥·鲁滨逊努力消除种族隔离的事例。他拒绝为“渣华金伯利”号货轮卸货，实质上是对维系种族主义命脉的经济所采取的一种抵制。这与美国政府随后颁布禁令，禁止在南非进行新的投资是一样的。

但如果将南非的已有投资（无论是在思想上还是在政策上）作为不可逾越的基准，那么在此基础上谈削减就毫无意义，就好像一根数轴到零就终止了。

而撤资则要求将南非的已有投资视为像 0℃一样的温度。当然，这个像 0℃一样的点很重要，它正好处在支持和不支持种族主义政权这对矛盾的中间。但这个点并不是终点，在这一点的左边，也存在着无限的可能性。在这种情况下，坚持固定模式是不正确的，并且是有害的。

要实现在减法方面的潜力，我们需要超越固定思维模式，超越喜欢做加法、喜欢展示自己能力的本性，改变对数量不正确的感受。

先撇开数学不谈，我们追求更少，其实是非常有意义的：减法的力量甚至还要强过加法。如果我们面对两头猛犸象，要改变这种局面，是再加上一头还是除掉一头呢？除掉一头，就只剩下一头，而这一头就是全部；加上一头，那每头就只占总数的 33%。同样的数量变化，减少反而带来更大的比例。所以，无论象群规模有多大，无论南非的经济规模如何，与新的情况相比，减少都意味着更大的变化。

不管怎样，我们对“多”与“少”的感觉总会出现一些偏差。但数学是一个好帮手，可以提醒我们运用现代的各种能力，克服生物的本能。在必要的时候，我们完全可以借助数学这个工具。如果埃兹拉估算的是饼干，他吃 5 块也没关系；但如果他吃的是有益于健康的豌豆，我可以跟他解释，告诉他 3 勺加 3 勺实际上是 6 勺。

在加减平衡中进化

在我研究我那些与尼安德特人结合的祖先生活时，我发现提及最多的活动就是狩猎、聚会、吃饭和睡觉。除此之外，我的祖先就是靠“敲击”来打发时间。

“敲击”这个词不够正式，应该是出于直觉的一种表述，其实就是对石块进行加工，将石块变成工具和武器。[34] 这也是自我们脱离同属于智人的前代物种之后，延续了 300 多万年的石器时代所特有的一项活动。所以，学者通过对加工后的石器进行研究，就能了解人类行为的演变。

到了 4 万年前，我的祖先在行为上具有了现代性，其中一个标志就是他们开始使用一种打制石器的新方法。这种新方法是选取圆形的大石头，一点一点地敲掉石头的外缘，然后，再一点一点地敲掉石头上面的部分。剩下的部分，看起来就像一个翻过来的乌龟壳，底部呈圆弧形，顶部则已经被削平了。

这一步骤完成之后，人们就会从平坦且坚固的一面敲下一块或多块较大的碎块。由于这些碎块是沿圆周碎裂的，各面的断裂处都非常锋利，而有多个锋利面的岩石更适合切割、挖掘和狩猎。

在找到这一新方法之前，人们只是简单地从岩石上敲下一些碎片加以使用。这样制造出来的工具和武器，一面有了人工打磨的锐度，而其余部分则保持着岩石自然的形态。要让这些呈自然形态的部分变得锋利是不太可能的，因为人们当时使用的石头工具已经很小了，这样做很容易折断工具，或者伤到手指。而新的方法则解决了这一问题，因为碎片来自被加工过的一整块岩石。

这种分两个阶段完成的方法不仅能够制造出更锐利的石器，而且人们的行为也表现出了现代性。为制备一整块岩石而进行敲打，已经显示出一定的抽象思维，因为敲击者必须想象岩石外层的碎片被砸掉后会是什么样的。[35] 米开朗琪罗后来描述了他在雕刻中使用的减法："我看见了大理石中的天使，于是我不停地雕刻，把多余的大理石去除，于是天使就显露出来了。"具有现代性行为的敲击者第一次从圆形的石头里看到了利刃，于是便努力地把利刃这位天使释放出来。

我谈到这一点，是因为关于抽象思维的最初证据，即现代人类改造环境的能力，正是来自减法。此处还有一个专业术语，叫作"石质剥片"。这种分两个阶段制作石器的方法，处于漫长的打制石器时代的晚期。通过击打剥离形成石器，正是石器时代的典型特征。我们团队发现，人们在乐高积木和安迪的栅格实验中都会做加法，但我们300多万年前的祖先，却花了很多时间让石头减损，无论是出于本能还是其他某种选择。由此看来，本能或者遗传似乎并不能成为我们忽略减法的理由。

进化本身就是一个在加与减之间寻求平衡的奇妙过程。寻找适应性让我们的基因能够一代代地传下去，自然选择会放弃大量的东西。[36]例如，我们现代人的大脑比尼安德特人的要小，但这对我们而言却是更合适的。[37]当然，大脑中枢负责语言、社交行为，以及决策（包括预见变化）的部分变得更大了一些，但大脑其他部分却变小了。

在生态系统层面，进化也起着作用，其中一个方面就是对数量增加存在内在的检测机制。无论是鲸鱼与浮游生物，狐狸与兔子，还是人类与公共资源，这种生态系统的平衡可以防止某个种群毫无节制地增长，从而导致整个系统遭到破坏。

回到最初的话题上来，虽然我的共享文件夹里堆满了不必要的文件和子文件夹，但我们的大脑里其实有一个内置的保护机制，可以防止我们的心理承受过载。当进入睡眠之后，我们的脑细胞会收缩[38]，此时，小胶质细胞便进入脑细胞收缩后留出的空间，清理神经元之间未使用的连接。[39]

这个自动清理的过程，神经科学家称为突触修剪。就像果树长出枝条一样，我们的大脑神经元之间也会建立突触连接。树木浇水之后会越长越大，而我们的突触连接使用得越多，连接就会变得越来越强。但是，茂盛的果树也需要修剪，以使珍贵的阳光和水不会浪费在不结果实的树枝上。在我们的大脑中，小胶质细胞就起到了修剪的作用。它们清除掉一些不太有用的突触连接，使我们可以将更多的能量和空间分配给其他连接。

为了更好地把“少”利用好，我们可以从自然界中获取灵感。在生态系统中，物种、细胞数量、自然选择都是从加和减两个方面进行的。我们可能具有做加法的本能，但改造我们周围一切的既有加法，也有减法。

在我们将重点从生物视角转向文化视角之前，让我们来想一想祖先一天的生活。他们早上醒来，穿好衣服（或者根本没有脱衣服，毕竟是冰期），也许还会做些早餐。然后，他们就集结成大约 25 个人的群体，朝着猛犸象所在的地方进发了。到了晚上，他们会迁至一处新的地方，在那里搭建临时住所，并围着火堆砸石头，然后睡觉，之后又是狩猎、睡觉，周而复始。

从出生开始，生活就是一次充满危机、居无定所的露营之旅。要生存，就要不停地变动。没有固定的房屋，没有需要贮存的过期报纸，也没有让人大快朵颐的薯片，我们的祖先对物品的增加有固有的检查机制。当要带着东西出门的时候，你也往往会少拿一点。

当人类行为具有现代性之后，我们仍然会将大量的时间花在食物供应上。即使你是埃及艳后或图坦卡蒙国王的后裔，在你上面差不多一万代的祖先中，只有最近的 300 代人生活在一个与我们现代文明一样需要做减法的世界里。在那之前，利奥 · 鲁滨逊不会遇到种族主义或其他任何政治体制，苏 · 比尔曼也不会看到有碍城市发展的高速公路。

在现代社会，生物本能不能成为我们忽视减法的理由。我们确实需要正视“少”得不到发展的进化惯性。毕竟，我们吃东西、展示能力，以及感知相对数量的本能，都领引我们朝着多的方向发展。但是，毕竟不同于生物进化中的突变，我们人类还是可以有意识地关注一下减法的。雄性园丁鸟无法抑制展示自我的本能，但我却可以把文件删掉一些。

有了上述的认识之后，让我们从尼安德特人的基因转入近代文明的出现。正如我们接下来将要看到的那样，文明既源于对“多”的追求，又以追求“多”作为其内在特征。

第三章
加法带来文明，文明带来累积

加法定义了最早的文明

大约5000年前，底格里斯河和幼发拉底河滋养着大片土地，波斯湾以北的地区也受此恩泽，土地肥沃丰饶。这片沃土上的居民不再仅仅以狩猎和采集为生，也有了许多新的职业，比如，建造房屋的工人和建筑师，教师，祭司，医生，政治家。[1] 这些新兴的职业从业者与家人围坐在餐桌旁，使用各种餐具进餐，餐点通常有瓜果、蔬菜、猪肉、鸡蛋，也有啤酒。晚餐后，孩子们可以踢踢球，玩儿玩偶娃娃，或者摇摇各种可以发出声响的玩具。他们的家由砖石砌成，由石头铺成的路将一座座房屋连接起来，步行不远便可到达令人敬畏的庙宇、神塔和宫殿。夜幕降临，他们盖着亚麻被单入眠，下面垫着柔软的羊毛垫子。

新事物（文明）会产生新观念（文化）。美索不达米亚人利奥·鲁滨逊可能会发现商船和码头，还会遇到来自不同社会阶层的人，比如奴隶、劳工、技师、牧师和贵族。学者埃莉诺·奥斯特罗姆会发现那些写满楔形文字的黏土片，上面记载着当时盛行的思想，这一切都等待着在她的研究中重见天日。

与行为现代性一样，文明的到来再次推动了人们做加法的历史。行为现代性使当时的人类能够像我们一样思考问题，能够有意识地改变环境，并选择做加法或做减法，而文明和文化的发展又为人们做加法提供了机会。

与此同时，这些新事物和新思想也为减法带来新的契机。画家巴勃罗·毕加索将艺术定义为“消除不必要的东西”。《小王子》的作者安托万·德·圣-埃克苏佩里指出：“完美无缺，不是增无可增，而是减无可减。”[2]但是，如果一开始什么都没有添加，就不能进行艺术性的消减，也就不可能实现完美。

我们周围的环境与遗传决定着我们的生物进化；同样，我们的文化与文明也会随时间而改变。[3]优良的基因需要通过几代人才能遗传到整个群体中，但优秀的文化却可以通过思想迅速传播开来。与生物进化相比，我们的文化发展的时间要短得多，但速度也要快得多。[4]

我们已经认识到，人类会本能地做加法。现在，我们则需要去弄清，文化如何使人忽视做减法。

对我们来说幸运的是，文明不仅带给我们改变周围世界的机会，同时也将我们的行为记录了下来。[5]现在，让我们来细细地体会一下吧。

公元2009年，罗马。夏日的太阳尚未升起，我拥抱着这座古城。

每到一个全新的地方，我都会四处走走，没有既定的路线，在这里也是一样。不知不觉间，我便来到了罗马斗兽场。

此前，我看过大量罗马斗兽场的照片，但身临其境之后，却有了完全不同的感受。斗兽场宏大而雄伟，无论是正面通道的间距，还是每一层的柱子，抑或大门上刻着的罗马数字，每个细节都精致而和谐。即便到了今天，其恢宏也令人敬畏，就算与市中心或大学里最新的体育场相比也毫不逊色。可以想见，数千年前，当罗马新移民第一次见到斗兽场时是一种怎样的震撼。

罗马城里有太多的地方都在召唤着我，但我却久久地停留在了这里。我绕着斗兽场走了 10 圈，敬畏之情丝毫未减。回到酒店后，莫妮卡提醒我说，她原本安排了去博物馆，但我在斗兽场的停留把这个计划给耽误了。

现在，莫妮卡已经习惯了我对大型人文景观的热爱。三年前，就因为我想去看看科巴这座玛雅文明的古城，她陪我在墨西哥闷热的尤卡坦丛林中度过了一整天，我称那一天为“加勒比海滩蜜月”。

我没有让莫妮卡和我一起穿越科巴古城的废墟，但我们爬了 120 级险峻的台阶，爬到了其中一座废墟的顶部。科巴的金字塔已有 1000 多年的历史，有 10 层楼那么高。[6] 我无法想象在那个时代，要建造这种庞然大物需要多么大的决心。毕竟，玛雅人建造金字塔时，既没有机械设备，也没有汽车。到达金字塔的顶端，我能真切感受到为何这是向神献祭的绝佳地点：在那里，上方的天空和下方的丛林似乎离我们一样近。

罗马斗兽场和科巴金字塔都记录了人类做加法的惊人历史。这类宏伟的建筑还有很多，学术上称为“纪念性建筑”。[7]著名的考古学家布鲁斯·特里格是这样描述纪念性建筑的：“它的主要特征在于，其规模和精巧程度超出对其实际功能的需求。”从这个定义可以看出，这类建筑所做的加法远远超过其必要的实际需求。

纪念性建筑是文明的显著标志。无论是美索不达米亚的神塔、埃及的金字塔，还是中国的陵墓，这些庞大却不太实用的建筑都随着周围城市的发展而日渐增多。

无论是罗马还是科巴，这些建筑形成的文化历程十分相似。首先，罗马人有了食物剩余，这使社会更有凝聚力，人口密度更大，住房、道路和水渠随之产生。此后，文化蓬勃发展，人们对举办竞技比赛的渴望越发强烈，便兴建了斗兽场。大约 1000 年后，大洋彼岸的玛雅人在科巴建造金字塔时，也经历了大致相同的文化进程。这一过程都是行为现代性催生了农业，农业又产生了文化。如果文化得到了蓬勃发展，就可能产生那些不是住宅的宏伟建筑。由此可以看出，纪念性建筑似乎是各种文化都开始做加法的标志。

不过，有些纪念性建筑的产生并不符合这一进程，它们可能在文化繁荣前便已经落成。

我们可以看一个近代的案例，并由此加深我们对加法作为一种文化力量的理解。在 19 世纪 30 年代后期，美利坚合众国这个还不到 100 年历史的年轻国家即将发动内战。在此情势下，人们还筹集了 100 万美元进行设计大赛，为哥伦比亚特区的乔治·华盛顿纪念碑的设计征集方案，而建造这座纪念碑也是饱受争议。

当时，全美人口还不到世界人口的 2%，华盛顿市不在美国最大的十大城市之列，整个特区仅有约 3 万人。[8] 一座纪念碑仅设计就要花费 100 万美元，还不要说建造，所以这确实是一个非常大胆的想法。其实，要想获得建造华盛顿纪念碑的灵感，华盛顿 35 英里外（约 60 千米）的巴尔的摩就有一处完美的范本。[9]

但是，设计大赛仍然开展了起来。[10] 征得设计方案后，纪念碑的建造也随之展开，只是资金供应时断时续，政治局势不断变化，而且还受到内战影响。过了将近 50 年，这座高耸入云的方尖石碑修建完成。当纪念碑于 1886 年向公众开放时，美国人口几乎翻了三倍，而这座纪念碑也是当时世界上最高的人工建筑。[11]

纪念性建筑并不都像罗马斗兽场那样在文化繁荣后才得以兴建，纪念性建筑也是文化起源的一部分。就像体育活动能强健大脑一样，建造代表文明的纪念性建筑也可以促进文化的发展。从这个角度来说，纪念性建筑并不是没有作用的。诚然，人们花大力气做加法，建造科巴金字塔和华盛顿纪念碑并不能为人们提供遮风挡雨的住所，但这些项目使大批的人聚集在一起，参与设计和建造，然后再为他们共同建造的宏伟建筑肃然起敬。从大批人群聚集的那一刻起，文化和文明便产生了。

也许你会质疑，是纪念性建筑产生了文化，继而又带来了更多吗？即使我是一个喜欢大型建筑的人，也能理解人们的这种质疑。纪念性建筑真的能够与政体、宗教以及文字相提并论吗？真的有必要将人群的这种聚集方式视作文明吗？但那些研究古代文明的学者却在更深层面思考这一问题。在他们看来，问题并不在于纪念性建筑是否居于社会变革之后，而是在于是否应该将这些建筑提升到比社会变革更高的层次。

现代分析表明，纪念性建筑可能是文明的催化剂。哥贝克力石阵（又名“大肚山”）是一处位于土耳其境内的考古遗址。[12] 在 20 世纪 60 年代，一些研究古代遗址的研究人员在此处发现了一些破碎的石灰岩材质的石板，然后就离开了。在他们的研究报告中，他们推测，大肚山可能是一座废弃的中世纪公墓。

几十年后，考古学家克劳斯·施密特阅读了那些研究人员的原始报告，那份报告认为这个约 50 英尺（约 15 米）高、0.25 英里（约 400 米）宽的土墩只是一座公墓。施密特并不相信他们的结论，于是便开展了对大肚山的探访。

他们很快就找到了第一处巨大的岩石遗址。这处遗址离地表很近，有些地方已经被农民的犁铧刮过。当施密特和他的团队深入挖掘时，他们发现了排列成圆形的巨大石柱。每个圆形石阵中心的柱子要更大一些，大约和长颈鹿一般高，但重量却是长颈鹿的 10 多倍。[13] 古代文明以某种特别的方式进行雕刻和搬运，并竖起了这些巨大的石柱，这确实让人称奇。

真正引发考古学家和历史学家思考的，恰恰是施密特和他的团队在大肚山没找到的东西。这里没有做饭的炉灶，没有居住的房子，更没有发出声响的玩具；在周围，也没发现当时人类长期定居的痕迹。

施密特那个时代的普遍看法是，人们必须要先耕种和定居，才能有时间、技术和资源来建造纪念性建筑和一切催生文明的东西，可施密特团队在大肚山的发现打破了这种观点。建造、搬运和放置神庙的石柱需要数百人共同努力，然而，在该地区还没有村庄甚至农业的时候，神庙就已经出现了。在一个以大约 25 人为一组的狩猎采集者所构成的世界里，要在大肚山建造神庙需要空前的团队合作。

施密特在《神庙首先诞生，然后才是城市》(First Came the Temple, Then the City）一文中提出了一种新的、经过改进的理论。[14] 正如文章标题所写的那样，他认为最初将狩猎采集者聚集在一起的正是在大肚山建造神庙，而且相信这一说法的人越来越多。[15] 建造神庙的想法为群体的聚集提供了一个理由；而神庙的建造和保护则是一个长期的过程，所以原来的狩猎者也需要寻找更稳定的食物来源。施密特认为，这就是农业发展的原因。大肚山遗址的发现证实，在神庙建造后的 1000 年里，定居者便开始种植小麦和驯化牲畜。

大肚山的发现颠覆了文明与加法之间的关系。长期以来，学者一直认为，一个群体无论多么渴望建造神庙，他们都必须先学会集体定居和耕作。但是施密特认为，情况恰好相反，长期建造神庙的努力恰恰推动了耕种。这样，加法就带来了文明。

喜欢建造的文化倾向足以解释为什么我们会忽视减法。但是随着文明的产生，另一种追求“多”的现象也出现了，这就是我们的物质文化。显然，我鞋柜里 14 双不同风格的运动鞋就是实用主义的体现，这使人们能够驾驭自己新的社会生活。

虽然我们的大脑是在相对小得多的群体里进化的，但物质文化却可以让我们在一个更大的群体里与他人共同生活。在一群狩猎采集者中，每个人都可以学习彼此的特点和技能，了解彼此所喜欢的猛犸象的肉。随着文明的发展，这种逐一认识和了解个体的方式已经不可能了，但是人类仍然需要为群居找到合理的解释，而物质文化则满足了这一需求。

人类可以根据服装、饰品等将自己所接触到的人进行分类，而无须了解成千上万的个体。正是这样一些物质上的东西，使我们与陌生人的交往变得更加可以预测。例如，当你走进熟食店，你就知道那个穿着围裙、拿着菜单的人会彬彬有礼地等你点餐；或者反过来，我穿着 T 恤、短裤和一双运动鞋，默默地走过校园，也没人会注意我是个教授。在这两种情况下，物质文化使素未谋面的人知道该如何与对方进行交往。

与拓展我们的天际线一样，充实我们的衣柜也能在文明的起源中找到根据，这一点毫无疑问。问题在于：物质文化与人类文明，哪一个先出现的呢？物质文化是否在人类文明出现以前就已经存在，并引起了人类文明的产生？现在有一种渐趋流行的理论认为，物质文化是狩猎采集者随机创造的。[16] 比如，敢于冒险的猎人可以穿猛犸象皮，而胆小谨慎的猎人只能穿兔皮。人们不再需要记住团队中谁喜欢冒险、谁不喜欢冒险，只需通过服装就能做出判断。有了基于物质文化的心理捷径，狩猎采集者便能处理更大群体中的人际关系。反过来，较大的群体规模也使得狩猎采集者能够建造纪念性建筑并建立等级制度，从而又让文明得到了发展。[17]

我们的文化被逐步拉入了纪念性建筑与物质的陷阱，这与减法是背道而驰的。比如，埃兹拉想搭更多的积木塔，我就要给他买更多的积木。在世界范围内，文明也刺激了另一种加法：书写。人们不断将时间和精力倾注到这种新媒介中。人们靠书写记账，这带来了更多交易；人们靠书写制定规范且透明的法律制度，从而在更大程度上实现了文明；人们也靠书写传递更多的思想，并将其转化为更多的事物。

书写体现了加法，同时又成就了加法，它使信息积累的能力不再仅局限于个人。掌握了书写，转瞬即逝的想法也能得以保存，这使人与人之间准确地共享信息不再受时间的限制。克劳斯·施密特在大肚山开展研究的基础，就是他未曾谋面的那些研究人员所取得的研究成果。斯蒂芬妮·普雷斯顿、伊丽莎白·斯佩尔克、埃莉诺·奥斯特罗姆，以及所有人一旦有了各种各样的新观点，便很快就可以在全世界范围内传播开来。

考古学家尚未全面解密文明的起源，但我们对于“少”的科学认识还是要不断推进。毫无疑问，加法与文化是密不可分的。正如我们已经看到的那样，在很多关键的方面，正是加法定义了最早的文明。人类不再需要整天寻找食物之后，便有了时间和精力在生活中增添更多的东西：金字塔、房屋和衣物。人类还创造了社会结构和思想：法律、宗教、写作和数学。对一个缺少这些物质基础和思想的世界来说，谈减少物质和思想似乎是不可能的。那样的世界并不是“没有什么可以减少的东西留下来”，而是根本就没有东西可以减少。

当然，文化的发展也让一些活动减少了，比如狩猎和采集活动。但是，现代文明是从早期文明发展而来的，我们都有不断做加法的传统，而且“规模与精细程度超出了任何实际的需求”，所以，文明就成为一个不断扩张的过程。

不同世界观对“少”的认知

我们对于“多”有着强烈的热爱，但并不是所有人都是如此。随着时间的流逝，文化的演变产生了不同的世界观，这些世界观也塑造了我们对改变的看法。[18] 为了探寻忽略减法背后的文化力量，我们应该看看不同世界观对于“少”都有怎样的认识。

对此，我们需要先从斯坦福大学教授黑兹尔·罗斯·马库斯那里了解一些基础知识。她是心理习惯与文化关系这一研究领域的开拓者，她具有影响力的研究集中体现在她与别人合著的《冲突！》（*Clash!*）一书中。该书汇集了有关文化世界观研究的第一手资料，它认为“冲突”发生在两类人之间：一类是那些根据自己的能力、价值观和态度来定义自己的人（独立型）；另一类是那些根据自己的人际关系、社会角色和群体归属来定义自己的人（依存型）。[19]

阴与阳、该隐与亚伯是不同文化中关于人类起源的两个古老的故事，这说明“依存”与“独立”的世界观在各种文化中都存续已久。[20] 这两个故事都解释了人类的起源问题。

宇宙创造之初，阴和阳从混沌中诞生，两者在宇宙蛋中达到了平衡，从而诞生了第一个人和第一个神灵。时至今日，阴和阳依然在地球中心和谐共生。

该隐和亚伯兄弟是亚当和夏娃的长子与次子。该隐成为一个农夫，而亚伯成为一个牧羊人。两兄弟都献给了上帝食物，而上帝更喜欢亚伯的礼物。该隐出于嫉妒杀死了亚伯。上帝判该隐过流浪的生活。最终，该隐和他的后代建造了第一座城市。

阴和阳反映了依存的观点，在这种观点中，人们认为自己与世界其他地方相互适应，并与周围世界形成平衡，就像宇宙蛋中的阴和阳一样。该隐和亚伯的故事启发人类应该从情境约束中脱离出来。一个人，既可以成为一个牧羊人，也可以成为城市缔造者。

当然，正如马库斯所言，文化世界观的多样性，是任何起源故事都无法完全涵盖的。例如，中国文化比美国文化更倾向于相互依存，但中国道教强调个人的自由，比中国儒家文化更倾向于独立。倾向于独立的美国，其南部或中西部小城镇的人们更重视家庭和集体关系，而东部和西部沿海地区的人们更重视个人创造，前者认为自己比后者的依存性更强。

文化冲突不仅限于宗教和地域。发达国家和发展中国家之间、男人和女人之间、蓝领和白领之间的世界观也存在普遍差异。透露一下：根据该隐和亚伯所代表的世界观，我属于典型的独立型。发达国家的人往往比发展中国家的人更倾向于独立型，男性、专业人员，以及非宗教人士也更偏向独立型。我小时候，父母叫我莱迪，甚至有研究表明，名字独特的人更偏向于独立型。

或许你也像我一样，认为我们能掌控自己的命运，或许你认为命运就如宇宙蛋中的阴阳平衡。无论如何，都让我们看看这两种观点是如何影响我们做加法或减法的。

在马库斯开拓文化心理学这一领域之前，研究人员就推测我们的世界观影响着我们如何看待自己的境遇，以及如何试图做出改变。20 世纪 40 年代后期，心理学家赫尔曼·威特金试图通过改变研究对象的视角来检验这一点。[21] 威特金和他的研究人员在布鲁克林学院的实验室里造了一只大箱子，大到足以宽松地容纳一个人。研究人员用 120 厘米 ×60 厘米的木板将箱子围起来，并在箱子底座安装了一个电动千斤顶，使之能够倾斜。研究人员能够通过这个可倾斜的空间，对目标数据进行测量，威特金最终将这个测试称为“场依存性”（field dependence）。[22] 威特金采用了另一位著名心理学家库尔特·卢因所提出的“场”的概念。卢因的场理论具有革命性的意义，呼吁人们注意将行为理解为人与周围环境相合的产物，即他们的“场”。

在威特金的可倾斜空间中，空间中的人可以被移动，周围的环境也可以被移动。参与者坐在椅子上，然后研究人员将椅子倾斜为各种角度，整个空间也以一定的角度倾斜，但参与者并不知道这一点。参与者的场依存度即为他们感觉到的自己相对于箱子的倾斜角度。如果椅子和箱子都以相同的角度（15 度）倾斜，则报告倾斜度为 9 度的参与者的场依存性要小于报告倾斜度为 3 度的参与者。感觉到倾斜 9 度的参与者受自己与空间的关系（“场”）的影响较小；在相同的情况下，感知倾斜度为 3 度的参与者更依赖于“场”。“可倾斜空间”的研究首次证明了不同的人对同一情境的感知存在系统性差异。[23]

场依存性的测试后来变得更方便了，镶嵌图形测验就可以进行这方面的测试，并且可以在纸上或屏幕上完成。[24] 在此类测验中，参与者将看到与图 3-1 类似的图形：

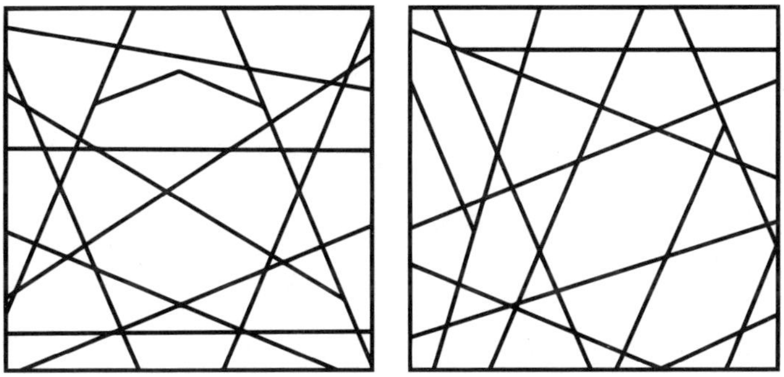

图3-1 镶嵌图形测验

图片来源：Hanne Huygelier, Ruth Van der Hallen, Johan Wagemans, Lee de-Wit, and Rebecca Chamberlain, "The Leuven Embedded Figures Test (L-EFT): Measuring Perception, Intelligence or Executive Function?" PeerJ 6:e4534. https://doi:10.7717/peerj.4524.

你能找到八边形吗?

你从图 3-1 中发现八边形所花的时间越长，你的场依存性就越大。越关注图中的所有线条（“场”）就越难找到八边形。反之，如果你很快就找到八边形，说明你对它周围线条的关注度较小。

我们可以从中得出这样一个推论：倾向独立型的人忽略减法，是因为他们专注于单个对象，不能在大的环境中进行取舍。对付这种广泛存在的忽视有很多方法。对于设计专业的本科生，他们就被要求既要学会考虑图形，又要学会考虑背景。快毕业的时候，他们就会听到教授不时地提到积极空间和消积空间、显性空间和隐性空间、实体空间和虚体空间。

当然，从中还可能得出另一个推论：倾向依存型的人忽视减法，是因为他们关注周围环境而忽视了需要清除的对象。

撇开这些猜测，我们还可以看到，我们对“场”的认识也是源于文化演变。要想弄清为何这样说，请想象一下你参与了这样一项研究：首先，你会看到一堆沙子堆成的字母 S 的形状。然后，你将看到另外两种情形：第一，一堆沙子；第二，堆成 S 形的玻璃碎片。

接下来，有人会问你：“在后两种情况中，哪一种与你看到的第一种情况（形状像字母 S 的一堆沙子）更相似？”

今井睦美和黛迪莉 · 根特纳已经给数千人做过这种测试。[25] 今井是一位日本教授，根特纳是一位美国教授，她们对各自所在国家的参与者所做的回答进行了比较。

在这项测试中，美国参与者更倾向于认为 S 形的玻璃碎片与 S 形的沙子更相似，日本的参与者则更多地选择一堆沙子。

对于第一种情况，美国人在心理上认为那个 S 形恰好是由沙子堆成的，而日本人则认为是沙子的形态恰好构成了 S 形。

通过这些发现我们很容易推断出，日本人思考问题更注重整体性，而美国人则更关注细节。一个更实用且可靠的结论是，一些人看到的是“场”（沙子），而另一些人看到的则是目标对象（字母 S）。

可以肯定的是，不同的人会以不同的方式看待同一种情况，因此，场依存性对我们来说很重要，我们看待一种情况的角度会影响我们做出改变的方式，影响我们是否会考虑做减法。

佐治亚州的萨凡纳让我对“场”有了充分的认识。当我和莫妮卡游览萨凡纳时，我们花了两天时间在这座历史悠久的沿海城市漫步。萨凡纳的鸟瞰图有点像安迪的栅格任务。如图 3–2 所示，该城市由几个相同大小的区域组成，每个区域的中心都是一个广场，每个广场都被 8 个街区包围。4 个较小的街区与广场相邻，旁边是较宽的街道，4 个角落的大型住宅街区均由一条狭窄的道路分隔。这种简单的设计

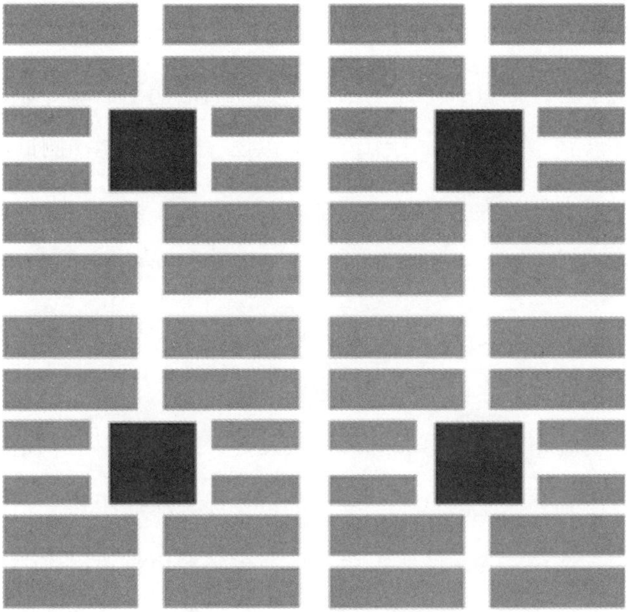

图3–2　萨凡纳的4个区域以及4个广场

图片来源：Fgrammen, “File: Savannah-four-wards.png,” Wikimedia Commons, https://commons. wikimedia. org/w/index. php? curid = 19978483.

延续至今，称得上是城市规划的杰作。

听说萨凡纳最初的设计方案有好几种，我感到很惊讶。詹姆斯·奥格尔索普是一位改革家，他建立了佐治亚州并起草了萨凡纳的城市规划。[26]佐治亚州的建立是为了安置转移至北美的“债务囚犯”（由于奥格尔索普推动了英格兰监狱改革，因此大批英国囚犯被送往北美的种植园）。直到1742年，佐治亚州在他的努力下废除了奴隶制，转而实行贵族制。奥格尔索普为萨凡纳起草的城市规划源于他对社会公平的愿景。如今，几个广场都声名远扬，成为市民活动、交流的公共空间，促进了民众积极参与社区及城市事务。

我想，至少在美国，所有城市规划专业的毕业生都已将萨凡纳的布局熟稔于心，而且，萨凡纳的布局如此简洁明了，非专业人士也能够理解并欣赏。我和莫妮卡跟许多人一样，被这座历史名城吸引，总感觉下一个广场就在拐角处，渴望看到与别处不同的树木、鲜花、小路、长凳，以及砖块和铁器。办公室、家里、餐馆里，每天都满是人们忙碌的身影。你若想有些社会交往，可以去广场和街道；你若想悠然自处，也能寻到安静的长凳或幽僻的小巷。

萨凡纳的布局对游客和居民都很友好，这正是由于它充分考虑到“场”，考虑到公共空间这个“场”的重要性，从而压缩了私人建筑的占地面积。现在，为了改善城市环境，很多城市都留出比萨凡纳大得多的开放空间。开放空间不仅看起来赏心悦目，还能改善空气和水质。但是在萨凡纳，公共广场以及连接广场的街道和小巷就能起到开放空间的作用。个人的居住空间虽然可能小一些，但事实上相当于每个人都住在了公园旁。萨凡纳综合考虑了公共广场和私人住宅用地，这让人印象非常深刻。

无论是规划一块殖民地还是解决安迪的栅格问题，只要我们认识到“场”的存在，就不太可能忽略做减法。“场”指的就是所有那些可能隐藏在背景中，但对改变起决定性作用的事物。这个“场”不限于物理范畴。对奥格尔索普而言，萨凡纳的设计也体现了社会公平的理念。他的设计出发点是人，以及人与人之间的关系。奥格尔索普洞察到了“场”里不易察觉的部分，从而创造了有魅力的街道和广场。你相信吗？在这一点上，科利尔兄弟的故事对我们也是有启发的。两兄弟的逝世让我们很容易想起做加法的本能。而这个故事接下来的发展足以证明，注意到“场”的存在是一件多么困难的事情；如果我们真的注意到了，“场”将会产生巨大的威力。

科利尔兄弟俩于 1947 年去世后，他们的褐砂石建筑被拆除，而第五大道及 128 号大街上的土地也在拍卖会上出售。直到 20 世纪 60 年代初，人们对如何处理兄弟俩的这块土地仍然感到束手无策。其中一个原因是当时的哈林区出现了骚乱，城市的低收入人群生活陷入困境，这件事甚至引起了全国的关注。面对这种情况，有人建议将闲置的土地建成口袋公园。[27]

为了在哈林区实现这个想法，一些慈善家在 128 号大街购买了三个独立的地段：一个地段成了孩子们的游乐场；一个成为篮球场和乒乓球场；科利尔兄弟位于第五大道拐角处的住宅所在地则变成了成年人的休闲区。[28]

慈善家知道，向公众开放这些空间并不能解决社区群体面临的所有系统性问题，但他们也知道，城市低收入地区普遍存在的一个问题就是缺乏户外公共空间。

口袋公园代表了对城市户外空间的一种思维转变。无论是萨凡纳随处可见的广场还是纽约广阔的中央公园，人们都习惯于在空间设计上采用与周围的建筑相同的风格，铺上石板，通过修筑小道、池塘和纪念碑等进行修饰和点缀。

但这种方法并不适合口袋公园。第五大道和 128 号大街交会处的科利尔兄弟公园更加依赖于周围的“场”，而不是空地本身。第五大道附近的建筑物为公园的闲适提供了庇护，营造了一种与世隔绝的静谧之感。口袋公园里的几棵树木和灌木丛好似无形的缓冲带，将公园的静谧与街道的喧嚣分隔开来。这就是科利尔兄弟公园对“场”的利用。美国规划官员协会在一份关于口袋公园的原始报告中，称其“花费最少，但想象力却非常丰富”。[29] 这种见解与我们在突击队玩偶实验中的发现是一致的，不过比我们的要早。少搭一块积木意味着付出更少，在其他场合可能就意味着花费更少。但通过减法来做改变却需要更多的思考。

不过，无论是积木还是哈林区，对减法所做的思考都取得了收获。华盛顿纪念碑周围留出大片空地，使它更具震撼人心的力量。科巴金字塔的周围也是如此，这使人们更愿意相信金字塔是通往神灵的道路。科利尔兄弟的住宅区域要建公园，这原本是一件非常困难的事，但建成的公园却成为周围城市建筑群中的一抹亮色。

思维的世界是真实世界的映射。随着一套又一套理论的形成，在理论这个概念“场”里做减法，可以增进我们对理论的理解。埃莉诺·奥斯特罗姆和克劳斯·施密特都是如此，当然，当施密特在大肚山发现令人敬畏的纪念性建筑，却找不到定居的痕迹时，团队也出现过困惑，甚至是沮丧。为何这些建筑周围没有定居的痕迹呢？已有的理论无法给出解释。但是，通过关注那些不存在的东西，施密特对文化的演进有了更准确的认识。

诚然，文化使我们倾向于做加法，但与此同时，文明也让我们看到，有很多状况是可以通过做减法来改善的。我们生活在拥挤的城市，接收着大量的知识信息，这就为我们提供了一个“场”，让我们看到口袋公园和精简知识的想法不仅是可能实现的，而且具有变革性的力量。当然，我们需要擦亮双眼才能看到。

越战纪念碑和空心砖

在华盛顿国家广场上，我可以自由地跑过华盛顿纪念碑，但警示牌和工作人员都提醒我，纪念碑前禁止奔跑。而对越战纪念碑来说，提醒则是多余的。虽然越战纪念碑的正前方有一条小路会将你引领到碑前，但你绝不可能从它身边跑过去，因为这座纪念碑的庄严会使你停下脚步。华盛顿纪念碑曾是世界上最高的建筑物，而越战纪念碑则低于地面，上面贴着黑色花岗岩。如果你还没有去过那儿，林璎对设计的原始描述会为你提供最准确的第一印象[30]：

穿过一片公园般的区域，这座纪念碑仿佛是地上的一道裂痕。一道长长的、光滑的黑色大理石墙从大地中浮现出来，又渐渐隐匿于大地。接近纪念碑时，地面缓缓向下倾斜，低矮的墙壁从两侧向中间延伸，在地面的最低处会合。纪念碑前的草蓊蓊郁郁，让我们几乎无法辨认出纪念碑上雕刻的名字。这一长串的名字让人觉得似乎没有穷尽，也让这些名字所代表的个体凝聚在了一起。

在华盛顿国家广场上，这样一道墙显得十分与众不同，对此，林璎也是做的减法。

如何看待设计意图可能也是极为主观的。有人可能会认为，林璎的设计并不能体现减法，她真正做的是把纪念碑“植”于地上，从地上移除一片土地也是为做加法服务的。值得庆幸的是，林璎本人对自己的构思是这样解释的：“我认为越战纪念碑不应是大地上增加的东西，而应是战争为大地留下的一道伤痕。”[31]

由此看来，林璎确实是在做减法，她的减法让人们对纪念碑又多了几分敬畏之感。

当构想出这份代表性的设计时，林璎还在耶鲁大学读书。一位上校军官来到她的宿舍，告诉她，他们从1400多份参赛作品中选中了她的设计，用以纪念美国历时最长的战争。事实证明，这是个绝佳的选择。越战纪念碑算得上是美国最珍贵的纪念性建筑之一，在人们心中的地位甚至常常超过华盛顿纪念碑。

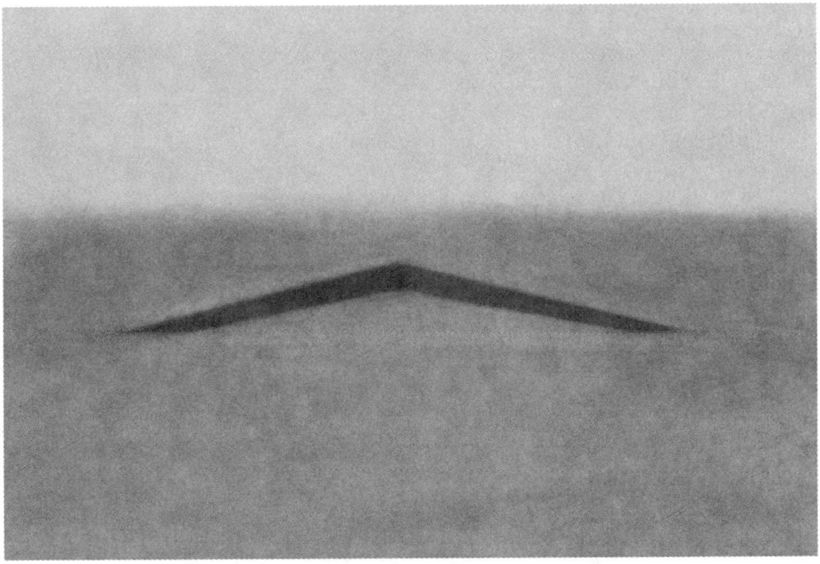

图3-3 林璎描绘的获奖设计——越战纪念碑

越战纪念碑现在颇受珍视，但在当年却是极具争议性的。当林璎的设计方案公布之后，当权者并不支持，至少有一部分原因是这座纪念碑看上去不够像一座纪念碑。由于公众抗议强烈，内政部也延迟了建筑许可的发放。不过，纪念碑最终还是建成了，但也做出了一些妥协，即增加了一根 5 层楼高的旗杆，并在墙的一侧立了一尊比真人还高大的、由青铜制成的士兵雕塑。

虽然林璎凭借自己的实力设计了纪念碑，但她担心如果评委知道她的背景，是否还会选择她的设计。林璎的设计是匿名提交的，否则她的年龄和性别都可能会影响评审的结果。建筑确实都是由男性主导的，以至有评委对林璎淡雅柔和的设计风格评论道："能做出这样天真的设计也是需要勇气的。”[32] 在人们得知林璎为设计师之后，墙上黑色亮光的花岗岩就被批评为“太女性化”。[33] 如果真是这样，那倒不是件坏事。正是这面写满名字的光亮的石墙，反射出一个令人深思的世界，一个萦绕在人们心头的世界，林璎将其称为“我们无法进入的空间，这些名字将我们与那个空间分隔开来”。[34] 也有评论质疑林璎的种族。《华盛顿邮报》发表了一篇题为《纪念亚洲战争的亚洲纪念碑》的文章。[35] 在第一次新闻发布会上，有人问林璎为什么作为一名亚裔却要来为越战设计纪念碑。

人们喜欢寻求文化背景与设计方法之间的联系，在讨论减法时也不例外。每当有人听说了我们的研究，总会猜测某种文化到底是倾向于做减法还是不倾向于做减法。亚当斯和一位来自荷兰的朋友一起喝啤酒，这位朋友相信，只要是像他这样来自日耳曼文化的人，就会在安迪的栅格任务中做出正确的减法改变。

这种“相信”需要证据。

亚当斯让她的国际合作者帮忙。一位日本同行答应在日本这种依存度更高的文化中，让学生接受安迪的栅格测试。通过一位德国同行，我们将检测亚当斯的朋友所说的话是否可信。

事实证明并非如此。我们发现，德国和日本的学生都忽略了减法。不同参与者组别间虽然存在小的差异，但不如不同栅格模式所造成的差异那么显著。

当然，来自德国和日本的研究成果并不意味着“做减法”没有文化或地域差异。这项测试仅在两个国家展开，参与者也十分有限，我们受试群体之间其他的文化差异也可能抵消了地域上的差异。资源拥有量更少的人也许更容易看到加法的价值，而人口稠密地区的人们可能已经在学着做减法了。试图控制所有可能造成影响的文化变量是不切实际的。

喝酒时推测一下文化差异也是很有意思的，但是我们不能给大多数行为，包括做加法和做减法简单地贴上独立或依存、男性或女性、大学生或“成年人”等标签。林璎的父母确实是从中国移民到美国的，但我们不能因此就认定林璎这一不朽的“减法”杰作，是依存型的东方文化的产物。正如林璎回忆说刚开始甚至都没意识到自己是华裔。

我们团队所有的实验都表明，忽视减法在各种情境下的各个群体中都普遍存在。更重要的是，即使我们发现在这一问题上存在差异，也无能为力，我们总不能建议别人“不应该出生在荷兰”吧。即便真的可以这样建议，也无法让人更好地做减法。

话虽如此，但这种乍一看不具可操作性的想法确实能给人以启发。要弄清到底有何种启发，就让我们回到马库斯以及她对文化心理习惯的研究中。在《冲突！》一书中，马库斯强调：“我们都有一种感觉，认为在所有时间、地点和情况下，每个自我都是相同的。”[36] 她说，这种感觉其实是错误的，因为，“当我们更仔细地观察生活时，我们会发现，实际上自己的内在有许多不同的自我”。马库斯在冲浪时的自我，不同于教学时的自我；写学术论文时的自我，不同于撰写通俗作品时的自我。同样，我本人可能更倾向于独立型人格，但是当我为人父母时，我会尽量或者被迫转变为依存型人格。如果你3岁的孩子想喝牛奶却又不想放下手上的积木，央求你去给他倒一杯，很难想象你还能不管不顾。

她的研究证实了沃尔特·惠特曼在《自我之歌》(*Song of Myself*)中所写下的内心独白：

> 我自相矛盾吗?
>
> 那好吧，我自相矛盾，
>
> 我内心丰富，我有众多的自我。

要做到“更少”，重要的并不是你是中国人或美国人、男人或女人，也不是你倾向于独立型还是依存型，而是探寻我们的“多重自我”。正如马库斯在《冲突！》中所说：“对许多人来说，意识到自己拥有两个合理存在的自我，能使自己的心理资源量倍增。”

随着我们对多元文化有了新的认知，马库斯的这一建议比通常所说的“另类思维”对我们更有帮助。该建议提出了一个独特且专业的思考角度，使我们更容易意识到做减法的机会。当我试图删除某段能彰显自我能力，却与本书主题无关的文字时，我可以求助于我的依存型自我。然后，我就能意识到这段文字将有负于像你这样尊贵的读者，于是，我就将它删除了。(好吧，其实我还是将删掉的内容保存在一个名为“节选”的文件中，这份文件有近40页。)

与安娜·凯奇琳相比，我的自我并不算多。凯奇琳曾推动20世纪最精妙的工程学的发展，但她并不是一名工程师。[37]根据她的学位和执业资格证来看，凯奇琳是一名建筑师。她是康奈尔大学顶尖课程的第一批毕业生，也是宾夕法尼亚州第一位获得执业资格的女建筑师。凯奇琳完成设计，靠的不单是她的"学术自我"。她曾在大学打过篮球，也是最早学会开车的女性之一，并且曾在"一战"期间当过间谍。那时，她凭借过人的优势、对机械的熟悉，以及流利的德语，被安排了一个"更艰难，也更危险的"战时角色。[38]凯奇琳的经历无比丰富，她有着众多的自我。

如今，大多数砖块都是空心的，从横截面看像一个阿拉伯数字的"8"。但是在安娜·凯奇琳之前，砖块都是实心的。美索不达米亚的房屋、罗马斗兽场、科巴金字塔和华盛顿纪念碑都是由实心砖建造的。如果你的房屋是一个多世纪前的，那它很可能也是由实心砖块建造的。但是，凯奇琳在 1927 年申请的 K 型砖专利中除去了砖块的中心部分（见图 3–4）。作为工程师，凯奇琳知道，只要砖块用以承重的外部框架是坚固的，内部就可以是空心的；作为建筑师，凯奇琳知道，空心砖从外面看起来和以前的完全一样。

"少"不仅是能够实现的，而且也是更好的选择。凯奇琳的空心砖所需的材料仅为传统砖块的一半，这使得这种砖块更廉价，用起来也更方便。[39]生产空心砖的能源消耗更少，运输所需的燃料也更少，并且，由于砖块中间的空隙，空心砖建造出来的房屋更舒适、噪声更小，且不易着火。[40]

图3-4　安娜·凯奇琳设计的K型砖（南希·珀金斯摄）

正是凯奇琳对于减法的洞察力，才造就了这种空心砖块。现在，所有的建筑物都会用上空心砖，从学校和摩天大楼的墙面到我新增的两层楼的基础墙，都是由成百上千块混凝土空心砖构造而成的。

如果凯奇琳没有建筑师的自我，就无法对工程学提出改进意见。她设计的砖块是同时考虑了“场”与目标物体的绝佳例子，或者就像凯奇琳在康奈尔大学班上所讲的那样，这是“环境与对象”的结合。凯奇琳从目标物体中减去了部分材料，即砖块的部分混凝土，这样一来，“场”就得到了增强，从而增大了空间，达到既轻巧又隔音隔热的绝佳效果。

几乎没有人可以见到凯奇琳的全部自我，但我们可以见识到其中的一部分。我们可以采取第二章尝试的“减法”视角来挖掘我们的多重自我。如果目前的自我模式不利于做减法，我们可以尝试调整为一种更陌生的自我模式；或者，当较为绝对的视角不利于做减法时，我们可以尝试调整为一种较为相对的自我；如果独立型自我过于关注目标对象而不知不觉做了加法，或许我们可以调整为对周围的“场”较为依存的自我类型，说不定这会让我们成功地选择做减法。

诚然，与两重自我对话也需要双倍的思考，而我们也不是一直都有时间这样做。一些自我可能会帮助我们关注到减法，但另一些自我却可能会让我们想做加法，这可能会让我们已经歪曲的变革方式更加不靠谱。在寻求“少”的过程中，没有哪一个自我是一直都有帮助的，但是，有一种文化途径可能会帮助我们做到这一点。

既考虑加法，也考虑减法

在分享研究成果时，我常会提及人们忽视了做减法，但这并不是说减法就一定是最佳选择。无论发表多少次声明，我都会遇到很多肯定不该做减法的情况，比如某条高速公路、某场会议，或者某个想法。

对此我颇有同感，因为我也会把“做加法”还是“做减法”当作一个二选一的命题。我检查本书的最后一步，就是确保本书将“加法”和“减法”视为互补的两种方式。我在这里也明确一下：要找到我们缺少的部分，需要改变加法与减法二选一的思维模式，转而形成加法与减法二者共存的思维模式。如何处理加法和减法的矛盾，如何看待二者的关系（是共存还是二选一），是人们应对变化的关键。[41] 你倾向于怎么做呢？

让我们通过时母的形象来体会一下。

据说，滚石乐队受印度教毁灭女神的启发，构思出了著名的烈焰红唇徽标。徽标上有着明显卡通风格的红唇吐着长长的红舌，带着几分挑衅。与这支具有传奇色彩的摇滚乐队一样，烈焰红唇的徽标散发着欲望与叛逆的气息。

除了丰满的嘴唇和挑衅的舌头，对时母的描绘通常还包括浸透了鲜血的武器、断肢围成的腰带，以及一条头骨穿成的项链，但滚石乐队的徽标中去除了这些血腥的元素。

许多神代表创造，而时母则代表毁灭。她是毁灭女神，一个听起来令人毛骨悚然的女神。关于这个毁灭女神有这样一个故事：一群凡人曾经试图向时母献祭一个人，以此获得时母的青睐，但时母拒绝了这一献祭。上帝判处凶手该隐四处流浪，而时母却没有那么宽容。她将走入歧途的信徒斩首，然后喝下了他们的鲜血。另一个关于她的故事是说她与一个滴着血的恶魔搏斗，恶魔流出的每一滴血都变成另一个一模一样的恶魔，最后，她耗尽了那个恶魔元神体内所有的血，并吃掉了所有新变出来的恶魔。

时母与这些恶魔的搏斗是印度撒格邪教（Thugs）的起源故事。该邪教组织的教徒都认为自己是时母的孩子，是她的汗水化成的。早在19世纪，该邪教教徒就在印度、孟加拉国和中国西藏地区肆虐，对旅行者烧杀抢掠。为了敬奉毁灭女神，邪教教徒杀害了多达200万的受害者，受害者通常被绞死并肢解。

看到这里，先不要急着扔掉你的烈焰红唇T恤，因为时母也是母爱的象征，她富有创造力、母性、爱心和仁慈。

不会吧？

时母的双重身份使我很不舒服。通常情况下，我会将自己调整到一种自我模式，这种自我会贴上明确的标签，比如好或者坏，输或者赢，做加法还是做减法等。如果一个想法与另一个相矛盾，那么其中一个想法肯定是错误的。也就是说，如果A为真，则非A一定是假的。

但时母就是一个大的矛盾体。即使在杀人的时候，她也会对着我们微笑；虽然砍掉的头颅和断臂表明她已经出离愤怒，却也象征着人类自我的创造力和毅力；她那标志性的舌头象征着欲望、叛逆和对血液的渴求，据该领域的研究者称，她的舌头同样也象征着谦虚和廉耻。[42]通常来说，令人舒适的叙述方式是非善即恶，但时母超越了这两者，她既是该隐，也是亚伯，还是上帝，她集所有的身份于一体。

解决矛盾不是一件坏事，至少自亚里士多德以来，解决矛盾有助于推理。亚里士多德认为，如果一个想法与另一个想法相矛盾，那么其中一个想法就必须被否定。这种逻辑推理能力带来了各个科学领域的突破。从单一、可重复的生物分类系统，到现代计算机的数学逻辑，再到消除公共资源悲剧的埃莉诺·奥斯特罗姆，都要归功于这种能力。[43]

我们总是试图解决两种想法之间的矛盾，但实际上二者并不冲突。例如，正如我们所看到的那样，问题不在于到底是生物力量还是文化力量让我们做加法，因为这两者都是让我们忽略减法的因素。争论哪一个是真正的罪魁祸首只会浪费时间，使我们无法搞清楚该如何做得更好。

尽管马库斯尽了最大的努力，我们还是会用僵化的分类标准来看待人和文化，尝试解决本不需要解决的矛盾，并以此来寻求一个明确的答案。若一名亿万富翁为母校出资兴建教学楼，我们就会争论她这样做到底是为了避税，还是为自己树碑立传，抑或是她真的关心教育。真相很可能是每种因素都占一定比重，但大家却很难接受这种说法。

因此，我一直提醒读者，我并不是在强调非要拆除当地的高速公路不可，我是想说，问题不在于“我们应该增加还是减少”，而在于“我们该如何进行合理的增减”。

如第二章所说，我们的生物特性是既有产生又有选择。在我们的文化中，加法为我们创造了许多伟大的奇迹，同时也意味着被忽略的减法具有隐藏的潜力。甚至对建造纪念碑来说，考虑加法的同时也可以考虑一下减法。虽然林璎可能将纪念碑本身视作依靠减法留下一道“伤痕”，但她也是在以一种独特的方式做加法，而这种方式是她的竞争对手没有采用的。在林璎设计的纪念碑上，刻着所有在越战中为美国捐躯的军人的名字，名字的数量多达 58318 个。

因做加法而诞生的文化还会不断地做加法，这意味着文化本身渴求更多：更多食物，更多居所，更多基础设施；这些渴求最终导致了政府和军队的产生，继而又需要更多的道路、要塞和防御墙；这些不断增长的需求也意味着需要更多的自然资源和人力资源。为了获得这些资源，倾向于做加法的文化不断扩张。罗马人在耶路撒冷杀害了约 100 万人，并掠夺了他们的财富；之后，罗马人用这笔财富在耶路撒冷以西约 1000 英里（约 1600 千米）的地方建造了斗兽场。[44]

不断壮大的罗马帝国吞并了耶路撒冷附近的一个农业定居点，由此产生的文化也和罗马帝国一样，带上了喜欢做加法的倾向。玛雅文化在尤卡坦半岛的传播也是一样的。当建造萨凡纳和华盛顿纪念碑这样的加法向西扩展至整个美国大陆时，又同化了美洲原住民的生活方式，最终，我们身上都带上了倾向于做加法的文化烙印。

但是，即使加法构建了文明，许多人也对加法感到怀疑或排斥。对“过多”的警告是所有主要宗教教义的共同主题。[45]对某些教派而言，如天主教方济各会、加尔文教派、禅宗、印度教等，要获得灵性就意味着舍弃在俗世中的积累。在前现代时期，无论是独立型文化还是依存型文化中的个体，无论是罗马士兵还是玛雅建设者，他们唯一的社会经济目标可能就是维持自己的生活状态，而不是寻求发展。

不能或不愿追求“多”，并不意味着认识到了“少”的价值，但这对加法的确起到了抑制性作用。因此，即便加法产生了文化，“求多”也并不是整个社会的一致需求。[46]

至少现在还不是。

第四章
时间、金钱与崇尚加法的现代社会

杜鲁门首语重复的设想

我告诉莫妮卡我正在写一本书，探讨我们忽视减法的原因，以及怎样才能做得更好。她听后的第一个问题就是：“如果读者发现我们用了加法该怎么办？”

莫妮卡指的是我们改造科德角风格的新家时用了加法。这栋房子建于大约 1947 年，面积有 1500 平方英尺（约 139 平方米），差不多只有我们以前房子的一半大。房子小点没关系，但我们觉得还是有必要翻修一下。这栋房子以前租住给学生，虽然他们对房子爱护有加，但以前房东的一些装修还是有些怪异，比如厨房就让我有些头疼：乙烯基地板是黑白相间的格子，还有纹理，也许是为了更显脏吧。

为了收集翻修的点子，我在学生中间搞了一个设计比赛，还起了个名字：“通过减法做加法”。我和莫妮卡的目标很明确，就是“通过减法来改善人们所在家庭与环境中的体验”。我们愿意花更多的钱，用减法来翻修房屋。为了充分展现学生的设计才能，我们为比赛设立了 1000 美元的奖励，还免费赠送饼干。这个比赛吸引了几十名来自建筑学、工程学和环境设计专业的学生报名参加。

我用自己多年来总结的“少即是多”设计理念来启发参赛者：德国工业设计师迪特尔·拉姆斯曾给出“少，但是更好”的建议[1]；杰出的化学家乔治·怀特塞兹在 TED 演讲中说过，我们要尊重简单[2]，不能再对其不理不睬，“一看即知”的逻辑只适用于色情片；我还提到已故喜剧演员乔治·卡林的住宅设计理念，即“如果东西不多，你都不需要一栋房子……房子只不过是有屋顶的一堆东西而已”。[3] 为期三个月的比赛结束后，参赛者向总承包人，也就是我、莫妮卡和埃兹拉提交了方案，埃兹拉明显偏袒那些回赠了他饼干的参赛者。

这些学生的作品构思非常巧妙。一名大二学生利用埃兹拉卧室空置的垂直空间，隔出了一个跃层；一名大三学生改变了后院的倾斜度，使我们可以直接从户外进到地下室，这样地下室也成了生活空间的一部分；一对研究生情侣则重新规划了整个室内的平面设计。

然而，没有一位设计者真正使用了减法。看来我们的比赛主题只是鼓励他们节约了空间，但并没有减少空间。

莫妮卡的担心不无道理，相比于学生，我这个教授使用减法更不在行。这栋原本只是科德角风格的小房子，现在增加了两层楼、5 个房间，房屋后面还延伸出了 900 平方英尺（约 84 平方米）的占地面积。

加法确实让我们的家变得更好了。我们有了漂亮的新空间，新增的第一层正好用来放埃兹拉的乐高玩具。但我们也一直都不知道，减法到底能否让我们的家变得更好。

我们已经知道，忽视减法的背后有着错综复杂的心理、生物与文化因素，但没有一个因素能充分解释为什么我们改造房屋时选择的是加法。我和参赛者肯定都想到了减法，毕竟减法是整个比赛的主题。而我虽然从行为上来看是现代人，虽然刻意压制做加法的天性，抵制着各种外界的压力，但还是没能用上减法。

为了解释为什么会用加法，我们还需要考虑排斥减法的最后一股力量：经济因素。翻修设计的关键在于房屋面积越大，价值越高。参赛者不能在忽略现实经济因素的基础上想出别的方法，我同样也做不到。花钱但没增加房屋面积是高风险投资，花钱却减少了现有面积简直就是荒唐。减少面积就像本的儿子和帕斯卡尔眼中的负数一样荒谬，因此，我不可能成为在家装上使用减法的第一人。

通过增加建筑面积来增长个人财富是最近才出现的新观念。人类本身就有做加法的本能，而且还承袭了祖先“求多”的文化。到了现代社会，我们搭建房屋、工作和思考，以及使用宝贵时间等一切活动都要考虑经济因素。因此，就像研究人们做加法的生物和文化因素一样，我们还需要研究人们滥用加法的经济因素。要搞清楚这种新近的因素是如何做加法的，我们首先得知道它的来源。

1949 年 1 月 20 日，100 多万人聚集在华盛顿国家广场，聆听哈里 · 杜鲁门总统的就职演说。[4] 联邦政府的职员还放了一天假来参加这一典礼。这也是首次通过电视直播的美国总统就职典礼，现场的观众和美国以及世界各地数以亿计的民众共同目睹了这场盛会。杜鲁门发表的20分钟演说在美国各家电视台播出，还在各所学校进行了播放。演说录像经过翻译传播至世界各地，全世界都观看、收听、阅读，并讨论着他的演说。

观看和聆听就职演说的民众对二战都是深有感触的。我的祖母米米认为自己是个幸运儿。她是那个年代为数不多的上过大学的女性，曾就读于新罕布什尔大学。日本轰炸珍珠港之后，院长把她叫来，告诉她由于征兵，教学岗位空缺，现在急需数学老师。米米学的是数学专业，虽然还有一学期的课没有完成，但教授们一致认为她能胜任教学工作。为了满足一位刻板的社会学教授的要求，米米写了一篇论文，提前一个学期拿到了大学文凭。1942年，米米没有上大四的春季学期，就被学校派到马萨诸塞州西部的农村，在那里当了一名数学老师，独自开始了新的生活。

也是在那一年，她的未婚夫约翰为了报效祖国离开了她，但他再也没有回来。到战争结束时为止，全球因战争死亡的人数占到了全球总人数的3%。

杜鲁门就职时，人们已经厌倦了世界大战。在就职演讲的第一部分，他重复着当时的主流观点，即共产主义是资本主义最大的敌人。在这样的背景下，他的前三个观点也是在意料之中的：美国将全力以赴支持刚刚成立的联合国，推进战后复苏，促进北美与欧洲缔结军事联盟。

然而，杜鲁门的第四个，也是最后一个观点却出乎意料："美国的目标应该是帮助全世界的各个自由民族通过他们自己的努力……减轻他们的负担。”[5]

不只是美国，对其他任何国家而言，这样的目标都是史无前例的。杜鲁门宣称，避免未来冲突的方法便是关心全球人民，这样的观点米米一定是认同的。她心系全人类，况且她痛失未婚夫才过去7年。她现在的丈夫在国防部工作，而她当时还不知道，她的几个儿子以后也都会应征入伍。

当杜鲁门在世界最大的舞台定下这一目标时，人们并未就如何完成这一目标达成共识。[6]我们该如何“减轻全世界自由民族的负担”？杜鲁门进一步详细阐述了自己的愿景，美国将会给自由民族“生产更多的食物，更多的衣物，更多的建筑材料，以及更多的机器”，从而帮助他们自立自强。

这样的宣言有一个好听的名字，叫作首语重复。这是一种古老的修辞手法，一连串句子的开头会反复出现相同的词或短语，从而起到强调的效果。比如，美国著名诗人惠特曼在《自我之歌》中就用了首语重复法来表示强调：

> 你认为一千英亩就很多了吗？你认为地球就很大了吗？
> 你为学会阅读练习很久了吗？
> 你因为懂得诗歌的含义而感到自豪吗？

惠特曼通过不断重复“你”，引起读者对自我的关注；杜鲁门通过不断重复“更多”，强调加法的使用。

杜鲁门利用首语重复表明了美国战后的目标，他说：“提高生产是和平与繁荣的关键。”

在当时，没有哪个社会目标比这句话更值得民众称道。正是有了更高的产量，祖母的丈夫与孩子才避免了与她未婚夫一样的命运。

现在回想起来，我们很容易忽视杜鲁门号召为所有人谋取更多物质财富的意义，因为在那以前，无论是在土耳其的大肚山还是在罗马或科巴，大多数正直的公民都不是一心想着谋财，那些富有创业精神的商人可能会遭到社会抛弃，甚至还会更惨。我们只要看看《圣经》里放高利贷的人就可以知道他们的下场了。[7] 当然，历史中也不乏寡头、封建领主以及像罗马皇帝尼禄和路易十六的王后玛丽·安托瓦内特这样的骄奢之人，但大多数人并不是在追求更多的物质财富。

杜鲁门这次电视直播的演说引爆了自 18 世纪以来逐渐流行的一个观点。该观点是经济学家、哲学家亚当·斯密提出的。他认为对大多数人来说，发展是改善生活最公平的方式。如果经济得不到发展，那么大多数人都无法满足亚当·斯密所认为的改善生活的自然欲望，这些人包括美索不达米亚平原上制砖、晒砖的劳工，被迫建造罗马斗兽场的犹太囚徒，也包括为华盛顿纪念碑采石的奴隶。

到 1949 年，现实证明了亚当·斯密的观点。虽然遭受了战争的重创，但工业革命带来的经济发展还是让许多人过上了更好的生活；相反，想通过抑制经济增长使人们获益的项目最后都失败了。当然，二战前的经济大萧条期间，也出现过农民不收割棉花、不把杀好的猪运到市场上出售这类的情况，但他们这样做的目的是减少市场供给，从而抬高价格。

然而天不遂人愿，大萧条愈演愈烈。危机最严重的时候，美国有1/4的工人失业，国民收入减少了一半，食物短缺的情况十分普遍，不过这与浪费的猪肉也没有关系。[8]米米仍然觉得自己很幸运，还能够与自己的姐妹分享食物和鞋子。那时，全世界的状况都差不多，于是，纳粹和法西斯分子便乘虚而入。

经济大萧条期间，那些反对增长的失败项目为经济学家约翰·梅纳德·凯恩斯的主张提供了支撑。[9]凯恩斯在亚当·斯密的基础上，推翻了长期以来认为财富增长不道德的观念。凯恩斯认为，个体消费是通向集体繁荣的必经之路。如果有更多人买鞋，制鞋企业就会不断发展以满足人们的需求，这就给更多人创造了薪资更加丰厚的工作岗位，也会有更多人用更多钱来买鞋，如此循环往复，不断发展。

而在大萧条期间，凯恩斯主张的这一良性增长循环变为了恶性循环，工资降低，消费减少。这从个人层面来说是必然的结果，但在宏观层面却导致总体经济萎缩，人们能支出的开销更少了。这场全球性的经济危机引发第二次世界大战之后，由于参战国不得不花钱提升军事实力，恶性循环才最终被打破。

战后，美国和欧洲各国政府逐渐采纳了凯恩斯的观点。[10]杜鲁门的就职演说还将消费提升到了爱国的层面，并将这一思想推广到全世界。美国助力构建了一个人人都可以且应该追求财富的体系。对“多”的追求也因此成为道德目标，成为和平的关键。

杜鲁门上台之后，巴西、印度、埃及、墨西哥等国的经济得到了迅速增长。一个国家如果想要参与国际贸易与金融活动，就必须致力于发展本国经济。经济发展也是国际货币基金组织和世界银行提出的要求。这两个战后新成立的组织旨在通过“生产更多的食物，更多的衣物，更多的建筑材料，以及更多的机器”来减轻人们的负担。

这种一味求多的倾向在当时也遭到过反对，认为经济过度增长会导致少数人拥有大量财富，而永无止境的扩张在资源有限的地球上是无法实现的。这样的观点还是有根据的，而且到现在也已经广为人知了。但在当时，对杜鲁门的听众而言，经济发展确实减轻了他们的负担。对印度、阿尔及利亚，以及马萨诸塞州西部的农民而言，更高的产量也就意味着和平有了保障。我的祖母也认同这个观点，因为她的4个孩子、7个孙辈、13个曾孙都因此免遭再一次世界大战所带来的灾难。

并不是只有我们家才有这样的经历。杜鲁门首语重复的设想使全球更多人得以享受生活。从人类诞生到1949年，世界总人口增长到25亿左右。之后仅仅过了70年，世界人口数量便增长至1949年的三倍。1950年全球人均年收入大约是3000美元，尽管人口数量增长了三倍，但2016年全球人均年收入仍然达到了约14500美元。[11] 全球人均预期寿命从1950年的48岁增长至今天的70岁以上。[12]1950年，15岁以上群体中具备阅读能力的人约占55%，而今天，这一比例超过了85%。[13] 虽然还有数十亿人依然过着极端贫困的生活，但更多的人已经拥有了米米不曾享有的选择与机会。[14]

不过，这就是加法和减法，这就是我们从人类的进化历程中、从林璎的身上看到的东西。“更多”能让世界变得更好，但并不意味着“更少”做不到。

我们为什么越活越累

自 20 世纪中叶以来，我们追求的不仅仅有食物、衣物和建筑材料，还有能源。我们的工作安排也更加紧凑，无论领导者制定了多么人性化的休假政策，你的闲暇时间都没有中世纪的农民多。[15] 把时间花在不喜欢的事情上已经够糟了，但更糟糕的是，我们却引以为豪。蒂姆·克雷德在《纽约时报》上发表过一篇经典的文章，题为《忙碌的陷阱》（The “Busy” Trap）。在这篇文章中，他告诉读者：“假如你生活在 21 世纪的美国，你可能会听到很多人跟你说自己很忙……很明显，这种话表面是抱怨，实则是炫耀。”[16] 我们在追寻物质财富的过程中，耗尽了自己最宝贵的资源，那就是时间。今后，我们的时间只会越来越少。

不管是工作还是休假，我们都忽略了同样可以用来改善生活的减法。还记得我们团队对行程策划的研究吗？华盛顿一日游尽管已经安排了 12 个景点，但大家还会增加游览项目。在对行程策划进行研究之前，我们团队已经合作了差不多一年的时间了。本给我发了一封邮件，骄傲地宣称他要把对于减法研究放在心上。他、亚当斯，还有另外两位同事决定在办公室中间的公共区域内安装一个名为“不鸣之铃”的铃，就是过去西部片里常见的那种三角形餐铃。

本的问题在于他太聪明了，而且情商也高，即使蓄着浓密的大胡子，看起来也依然平易近人。这种内心和外表的组合意味着本经常拒绝他人的求助。推掉那些意义不大的任务之后，本就有时间来完成更有意义的工作，比如指导学生，思考搭积木的问题。为了克服自己有求必应的本能，本给自己的奖励就是敲响那个“不鸣之铃”。

本确实该为他的好主意感到骄傲。要不是他一直对我的想法持怀疑态度，对于拒绝这种行为到底算不算做减法，我可能还会再考虑考虑。敲响“不鸣之铃”是因为他们没有新增任务，这和减少原本就有的任务是不一样的。

本指出我论证中的漏洞，同时还给我提出了建议。顺着这个思路，我也可以告诉本，如果他真的想用减法来提高效率，还需要列一张“停止任务”的清单。[17] 这一清单受到了管理学家吉姆·柯林斯的著作《从优秀到卓越》的启发。

有了“不鸣之铃”以后，本能够做的要么是往满满当当的工作安排中再加一些任务，要么在没有任务的情况下少增加点任务，然后为推脱掉的工作摇铃。在本的脑海中，他目前的工作量就像是一道难以攻破的底线，正如我的房屋翻修前的面积，也是一条从零开始的数轴。所以，“不鸣之铃”并不是为减少现有工作而准备的。我希望“停止任务”清单可以改变本的底线，提醒他既要考虑可能会增加的工作，也要考虑可以减少的工作。

然而说着容易做起来难。20 世纪 90 年代早期，社会学家莱斯莉·珀洛找到了一些初步的证据，证明人们普遍无法减少待办事项。珀洛表示，无法减少待办事项会导致“时间荒”。[18]我们在工作中或在一日游的旅程中都会遭遇时间荒。每当有很多事情要做，但时间又不够的情况下，我们就会感到时间荒。

开始时珀洛的关注对象是软件工程师。[19]媒体大肆渲染他们工作时间有多长，而她则对此持怀疑态度，于是她首先选择了这一群体。[20]珀洛观察他们的日常工作状态，包括他们在办公室隔间、实验室、会议室，以及在走廊谈话的情况。她和软件工程师一起吃午餐，参加他们的公司聚会，和他们一起去当地酒吧喝酒。从项目资金投入到软件正式发布，她跟踪研究对象的时间超过了 9 个月。她甚至还和他们坐了两天的巴士，一起去发布会现场。

珀洛一边系统地观察研究对象，一边广泛地开展访谈，她不仅和软件工程师交流，也和他们的同事、经理以及家庭成员交流。

她把研究对象的生活按照不同的活动划分成几块时间。这些活动包括个人工作、与他人的互动、社会交往和个人活动，其中个人活动与工作无关。珀洛在个人活动中记录了他们选球员玩《梦幻足球》的过程。

通过研究软件工程师工作时间使用情况的详细记录，她发现软件工程师的时间确实不够用。她还发现许多活动，尤其是与他人的互动和社交活动都是他们自找的。参加冗长的会议，一起吃很长时间的午餐，这并不是因为他们必须要这样做，而是因为他们觉得不参与就会显得不合群。

结果，时间荒损害了软件工程师与工作圈外的人际关系。[21] 珀洛还发现，软件工程师如果觉得自己参与了过多活动，那么整个团队的工作效率都会受到影响。因此，时间荒对员工士气、人际关系，以及业务发展都造成了影响。

于是，珀洛想办法来调整他们的时间安排。她和研究对象一起规划出不适合参加互动和社交活动的时间段。在这些安静的时间段里，不会有全体会议，也不会有隔壁的同事死缠着你一起吃午餐。这段安静的时间就是"停止任务"的时间段。[22] 但是，要做到这一点并不容易。为了让研究对象接受这样的安排，她必须把这个时间段设为"新增"的安静时间模块。而且，她做出的调整也只是暂时的，软件工程师很快又重新陷入了强加给自己的时间荒。

陷入繁忙的并不只有软件工程师和本。美国陆军军事学院的一份报告显示，军官也陷入了繁忙。[23] 时间荒的影响如此巨大，连这些正直的军官都变得有些不诚实了。

报告中最让人恼火的一个事例就是，军官一年中执行任务的时间是 256 天，但他们却不得不完成 297 天的任务。[24] 是的，你没看错。照这么看要完成这些任务几乎是不可能的。所以，他们考虑的已经不是要不要抄近路了，而是该抄哪条近路。

正如这份报告所述："军队就像是患上了强迫症的囤积者。"囤积者囤积大量用过的便利贴和旧报纸是焦虑和抑郁的表现，而囤积大量的待办事项也会损害军官的心理健康，迫使他们采取与来之不易的军人身份不符的方式行事。对本而言，虽然服从安排只是他作为教授的部分职责，但当他为了参加某个会议而错过了另一个会议时，仍然会感到内疚。对军官而言，不折不扣地完成上级的任务才能得到晋升，现在却被迫寻求捷径，可以想象他们会有多么痛苦。

在这种情况下，他们不可能一件一件完成工作，因为新任务来得太快了。旧的任务还没完成，新的任务就来了，他们根本没有足够的时间好好工作。

这份报告结尾建议“对命令发布实施限制”，而“实施限制”仅仅相当于摁下了几次本的“不鸣之铃”。军官如果没有足够的时间完成任务，光“限制”也是不够的，为了改善这一局面，有些工作是需要停下来的。

鉴于私营企业和军队的情况，政府机构超负荷工作想必也在意料之中。《联邦法规法典》(以下简称《法典》)收录了美国联邦机构制定的所有法规。杜鲁门上任时，这部《法典》约有 1 万页，而到了 2020 年，《法典》的页数激增到了超过 18 万页，这样的增长速度会让凯恩斯主义者感到颇为自豪。[25]

《法典》中的诸多法规还是很不错的。比如，带埃兹拉出去吃饭，不用再担心他吸到二手烟。更让人欣慰的是，《清洁空气法案》保护了所有人，让我们免遭杜鲁门时代任意排放的有害空气污染物带来的危害。[26] 但不清理过时的法规，会让已经心力交瘁的监管部门更加分身乏术，他们连做基本工作的时间都没有了。由于不重视做减法，他们也被那些希望减少法规的群体所诟病。

2012 年，巴拉克·奥巴马在就职演说中提到，新一届政府正在着手处理工作量超负荷的问题。他在国情咨文中提到的一句话在推特上引起了人们的共鸣，这句话就是在强调减法："我们废除了 40 年前的一条规定，不然奶农可能每年还得花上 1000 美元来证明没有倾倒牛奶，因为 40 年前出于某种原因，牛奶被归为了油类。面对这样的规定，我猜想谁打翻了牛奶都会大哭一场的。"[27]

这条推文主要是那个让人有些尴尬的笑点，奥巴马似乎也意识到这句话就算从他嘴里说出来，也还是难以让人发笑。让我们先原谅这个笑话，把注意力集中到停掉工作的问题上来吧。一年前，也就是 2011 年 1 月，奥巴马发布了 13563 号行政命令，该命令中的第 6b 条规定指出，每个联邦机构都应该"审查现有的重要法规，决定是否有必要对其进行修改、精简、扩充或者废除，以使机构管理更简便、更有效，从而更好地实现管理目标"[28]。

这条命令和我们在实验中给出的线索是一样的。我们在安迪的栅格实验中提示参与者不要忽视减法；这条命令则是提醒联邦机构要使用减法，考虑"精简"甚至"废除"一些法规，使管理变得"更简便、更有效"。

其实，为了避免引起加法和减法之间的对立，命令的表述还可以"更简便、更有效"，只是行政命令毕竟不是我们下达的。总的来说，这条命令的力度还是比较罕见的，因为它要求停止一些工作。

奥巴马总统发布行政命令提醒各机构考虑减法之后，美国环境保护署（EPA）注意到把牛奶归为油类的规定完全就是多余的。最初的规定自 20 世纪 70 年代开始实施，因为那时奶农很喜欢将燃料和农药残余排入水道，所以该规定旨在防止有害工业排放物对水道造成污染。[29]但长期以来，奶农一直质疑牛奶是否应该受到像燃料和杀虫剂一样的管控。奥巴马总统发布行政命令，敦促环境保护署对该规定进行了审查，于是，牛奶就不再是油类污染物了。

正如环境保护署署长莉萨·杰克逊所言："这一举措将减轻我国奶牛养殖场潜在的负担，既可以替他们省下一笔费用，又能让环保署投入紧迫的环境保护与卫生事务中去。"[30]同时，这一举措也减轻了杰克逊本人的负担，虽然她和奶农一起为改写法规而努力，但她被迫多次在包括国会在内的各种场合反驳他人的不实观点，声明环保署也不想保留这一规定。[31]为倒掉的牛奶大哭一场是值得的。将牛奶从油类污染物名单中删除之后，省下的钱预计超过 10 亿美元。[32]此外，环保署还有了更多的时间来治理真正有害的污染。

停掉一些工作不仅能发挥如此巨大的作用，还能给人带来更多惊喜。接下来是一个终极版案例，也是我最喜欢的一个故事，这个故事能帮助你感受到减法在现实中的巨大潜力。

我和我的表兄弟奇普和乔希出生月份相差不到三个月。我们三个人长大后，就各自说服父母，然后结伴去新泽西海洋城的海滨别墅度假。就在我们一起度假的最后那个夏天，海滨栈道旁开了一家卡丁车赛车场。

当时，我们都过了开卡丁车的年龄，所以到了晚上，我们就拿出少年的血性，驾着卡丁车疯玩；我们开着车相互碰撞，一直撞到赛道边的金属护栏上；绿灯还没亮，我们便冲出起跑线；不仅如此，我们还直接忽视挥舞着方格旗的工作人员，为了最后跑一圈争胜负。场内其他人看到这一幕后，都停车注视着我们。

于是，我们就上了卡丁车比赛的黑名单。一天晚上，奇普突发奇想。他是个恶作剧天才，他曾发现在收银机旁的柜台上都有一个放零钱的托盘，上面写着“放一分钱，可以拿走一分钱的糖果”。他曾用这个方法买到了相当于几百卡路里的糖果。那天晚上，他换了衣服和帽子，伪装得不露一点痕迹，重新回到了卡丁车赛场，想要独自开上最后一把。我和乔希则待在赛道旁，看着他若无其事地沿着赛道开了两圈。

升到第三圈的时候，他开到离起点最远的地方，然后就开始了“行动”。他解开安全带，从行驶的卡丁车上一跃而起，飞快地越过了跑道边上8英尺（约2.4米）高的围栏，冲出了附近的停车场，消失在了夜色中。而他的空车翻滚几圈后便停在了赛道中间。目睹了这一连串的动作之后，我和乔希笑得喘不过气来。赛场上的家长本来都等着看自己的孩子开卡丁车，这一下也全蒙了，不知该如何应对眼前的场景，脸上的表情就像是刚刚看到有人在裸奔一样。

无论是克里斯·洛克扔掉麦克风，还是克里斯·法利突然撕开衬衫，喜剧往往都来源于意想不到的场景。[33] 奇普的行为完全出人意料，不知道我这样说对不对，这真是我见过最好笑的场景了。

不过，这又和停止工作有什么关系呢？如果说奇普这一特技的精髓在于突然停车，那么他正是用了意想不到的减法让我和乔希大笑不止。这个故事简直就成了我们家族的一个传奇，老老少少几代人都常提起这件趣事。

如果你觉得奇普的绝技并没有体现停止工作，那也无妨，至少你知道了卡丁车的另一种玩法。

给产品做减法

和马库斯一样，英属哥伦比亚大学的莉兹·邓恩既是教授，也是冲浪爱好者。有一次冲浪的时候，邓恩被鲨鱼袭击了。从急诊室回来后，她对记者说自己“真的很幸运”，因为她是在完成了最好的一次冲浪之后才被鲨鱼咬的。[34] 这样的乐观态度很值得赞赏。她不冲浪的时候想的是开心的事，而冲浪的时候，可能想的还是开心的事。同时，她还发现，如果不懂得停掉一些工作，不仅无法精简日程安排，还会让我们没法寻找到开心。

正是有了这样的发现，我在削减待办事项时更游刃有余了。我父母为了省下 5 美元的配送费，宁愿花半个小时亲自去取比萨。我是在他们的影响下长大的，自然也有很大的提升空间。

除此以外，我和其他人一样也有心理障碍。如果增加了什么东西，我们得通过有形的事物将增量表现出来；如果清除掉一项待办事项，我们就会在日程表上空出一格。正如我们在前面看到的那样，即使不用花钱，要想停掉一些工作也是件很不容易的事情，更何况花钱节约时间是一种你必须付出代价的停止行为。[35]

但事实证明，时间是值得投资的。邓恩有一项研究是由她的学生阿什利·惠兰斯组织开展的，研究对象是极少数愿意花钱省时间的人，邓恩想知道研究团队能从他们身上发现什么。[36]他们调查了北美和欧洲的6000多人，询问他们是否会付费使用节省时间的服务，比如请人打扫卫生、做饭、维修家电家具。少数人表示他们就是这么做的，而他们的生活满意度也更高。[37]

而我得知这一发现的第一想法就是，这是理所当然的啊。这些人都有足够的钱来请人为他们烧饭、送餐，省时服务肯定会让他们对自己的生活更加满意。

不过，研究人员还发现生活满意度与金钱无关，因为花钱以避免陷入繁忙之中的百万富翁比那些不愿花这笔钱的百万富翁更快乐；薪水低的人其实也是如此，花少量的钱来调整一下日程安排，这样的人会过得更快乐。邓恩的团队发现，待办事项越少，生活满意度就会越高。

为了进一步证实花钱节省时间可以提高满意度，研究人员还开展了现场实验。在实验中，他们连续两个周末都给在职的成年实验参与者40美元。其中一个周末，参与者得到随机指令，需要花掉40美元来删减日程中不想做的事项。在另一个周末，参与者需要用这40美元购买一些实际物品。钱花完的那一天，研究人员会打电话给参与者询问一系列的问题：你们是怎么花钱的？这几天都干了什么？感觉如何？之后研究人员发现，花钱节省时间能减轻参与者的焦虑，让他们心情更好。

停止工作让我们能够缓解或者避免时间荒。时间荒困扰着珀洛所研究的那些软件工程师，也困扰着超负荷工作的军官。有时候，当个人的时间荒没有那么严重，能有一些空闲的时候，才会想到生活的其他可能，想到这段时间我本来可以做点什么别的。因此，现在的我更倾向于付钱请人挂画或者修理门廊栏杆。我之所以这么做，部分原因是我确实不擅长修修补补的工作，而更主要的原因则是和家人共度时光才是无价的，和埃兹拉一起骑车才更美好。

平衡车之于自行车，就如创可贴之于绷带一样。平衡车是一种没有踏板的迷你自行车，像埃兹拉这样的学龄前儿童一个人就能骑得飞快，而我们这代人小时候只有拆了自行车后轮上的辅助轮后才能做得到。这种平衡车不是靠链条和踏板驱动的，而是像刚学步的孩子那样靠双腿驱动平衡车向前滑行，就像动画片《摩登原始人》中的车那样。

我们度假期间，2 岁的埃兹拉骑平衡车还不到一小时，就可以沿着海洋城栈道向下滑行了。往返学校的那条一英里长的路上，埃兹拉骑平衡车驶下缓坡的速度比我跑得还要快。而埃兹拉的车技还不算特别出众，他的堂兄弟和他学前班的朋友车技更是娴熟，他们会骑着装饰过的迷你平衡车参加障碍物训练课程，还参加过平衡车比赛。

平衡车可以被看作初学者阶段的自行车，这一下子就扩大了自行车的适用年龄段。而且，一旦埃兹拉决定骑大孩子的自行车之后，我们也不用给他装辅助轮了，因为他早就会保持平衡了，他只需要学习如何蹬脚踏板，如何刹车。

近一个世纪以来，儿童自行车在市场上都是作为一个单独的类别进行销售的。对儿童自行车的设计也是层出不穷：辅助轮、宽轮胎、减震叉、减震座椅、提速装置，还有可以把儿童自行车和成人自行车连接起来的装置。这些设计都很不错，但是根据我们的经验，似乎还不能给人眼前一亮的感觉。设计师要经过很多思考，才能想到去除脚踏板，而这样的设计让低龄儿童也能骑两轮“自行车”，让儿童车的销路也更好。[38]

正如停掉工作不太可能造成时间荒一样，减法似乎也难以孕育创新。但是，埃兹拉可得感谢这一难得的设计，让他的童年又多了几分快乐。对平衡车设计者瑞安·麦克法兰和之前介绍的空心砖设计者安娜·凯奇琳而言，减法显著改善了产品性能。事实上，减法在现代创新中的应用少之又少，对产品进行减法设计甚至不需要具备功能属性，它本身的新颖性就足以开拓市场了。

就在奇普玩停卡丁车的那段时间，主导运动鞋市场的耐克市值超过了 10 亿美元，成为全球最大的体育用品公司。[39] 如果我、奇普和乔希没能穿上一款带有气垫的耐克跑鞋，我们肯定也会说服父母给我们买一双。

再倒推 10 年，也就是 1977 年，工程师玛丽昂·鲁迪向几十家鞋业公司推销气垫这一概念，然而没有一家公司愿意采纳并付诸实践。[40] 还是那个问题，做减法不符合人们的直觉。最终，耐克这家当时规模还很小的专业公司采纳了他的想法。此后，耐克创始人菲尔·奈特穿着一双样品鞋去跑步，他非常喜欢这双鞋带给他的脚感。于是，耐克开始向那些跑步精英推销这款鞋，他们是耐克的核心市场。最终，耐克发现，像我和我表兄弟这样的年轻人也喜欢气垫鞋。

在将近10年的时间里，耐克都是在默默地做着减法，但你必须相信这款气垫里面确实存在空气。鲁迪改变了气垫鞋的外观设计之后，耐克才开始真正崭露头角。经典的Air Max 1款将鞋垫的一侧设计为透明的，让人们可以看到里面是空心的。这样的减法设计让人看得见，气垫鞋也因此更为畅销。

Air Max 1的设计者廷克·哈特菲尔德回忆起运动鞋史上这一重要时刻时说道："人们在寻求不同的东西……当时，Air Max 1鞋底的透明窗口与窗口周围的颜色看起来让它和别的鞋子完全不同。"[41]

让人看得见减法，并不是耐克获得成功的唯一原因。如果迈克尔·乔丹穿过科迪斯（Keds）的帆布鞋，那我和我的表兄弟也会去穿科迪斯。气垫或许确有其实用功能，但是毫无疑问，哈特菲尔德提到的差异助益良多。耐克的减法让我们对运动鞋有了新的认识。

瑞安·麦克法兰使用了减法，让低龄儿童也能感受到骑车的快乐；廷克·哈特菲尔德使用了减法，创造出了与众不同的产品，让人们倍感惊喜。而我好奇的是，创新者是不是真的很少使用减法。

谷歌的数据库记录了美国国内颁发的专利，以识别并保护产品、工艺流程和机器设备，防止它们被抄袭。[42]我想知道的是，我们能不能通过计算机进行文本分析，归纳出专利针对某个对象的改变方式。反复使用"增加""更多"等词语的专利描述代表了一种改变方式，而反复使用"减少""更少"等词语的描述则代表了另一种改变方式。

多亏当时的博士生凯特琳·斯腾格和大二学生克拉拉·娜，我的猜想才得以转变为有价值的认识。她们首先找到了语义与“增加”“减少”最为接近的 8 个同义词。[43] 接着，在文本分析程序的帮助下，他们扫描了数十亿个单词的专利说明，并对“增加”“减少”及其所有的同义词进行了标注。我们非常清楚，借助计算机可能会让我们漏掉一些使用了减法的专利，因为这些专利没有使用我们设定的减法同义词。不过这没有太大关系，因为加法也有同样的问题。

我们发现一些专利说明书的表述非常好，比如，与加法有关的有：多级、多阈值、多持久性的 GPS（全球定位系统）、GNSS（全球导航卫星系统）原子钟监控；与减法有关的有：含加固板的露背且可能无肩带的胸罩。

是的，你会注意到这款“露背且可能无肩带的胸罩”的加固板反映出创新者既想到了加法，也想到了减法。

我们的研究不仅让我们看到这些有趣的例子，还得到了很多值得关注的数据。在我们获取的所有电子版的专利说明书中，加法同义词的使用率大约是减法同义词使用率的三倍。随着时间的推移，这一差距还在不断扩大。1976 年以来，减法词汇的使用率保持平稳，而加法同义词的使用率几乎翻番。不过，专利语言并不代表词汇使用的一般情况。在专利文本中，减法同义词远不如加法同义词使用得频繁；但是在新闻文本中，减法同义词却用得更多。

仅仅基于这项研究，人们可能会猜测：使用加法同义词是不是更容易获取专利。专利申请人也许并没有忽视减法，但是为了迎合专利评审体系，他们不得不在项目名称上加入大量加法同义词，这样申请专利才能更容易通过。按照这一说法，专利的语言模式确实与我们在行程安排、搭积木、栅格实验中观察到的现象类似，加法确实阻碍了人们做出更好的改变。

把关注点放在人的身上

从现代社会这一系列做加法的趋势可以看出，我们面临的根本问题也许是减法在资本主义市场就行不通。毕竟，资本主义以及资本积累显著的本质特征就是做加法。也许所有倡导做减法的努力都是徒劳，因为我们所在的体系是有问题的。生产者无法靠做减法来获得发展，码头工人运动的活动家利奥·鲁滨逊信仰的是共产主义，而减少房屋面积对我来说也没有任何好处。

尽管如此，我们还是看到了做减法的益处，比如像没有脚踏板的平衡车、空心砖，还有耐克气垫鞋这些与众不同却又给人惊喜的设计。苏·比尔曼，和那些摆脱了种族隔离的人，以及在邓恩的实验中愿意花钱来停掉一些工作的参与者，他们都是在竞争激烈的市场中找到了新的方式去追求我祖母那一代人所向往的繁荣生活。

在前面的内容里，我们探讨了忽视减法的原因，现在，我们要想一想如何才能找到减法的用武之地。还是让我们看看前面提到的几个例子吧。

就个人而言，瑞安·麦克法兰在图片视频社交平台 Instagram（照片墙）上的账号 @striderdad（意思为平衡车发明者的父亲）就有十分丰富的寓意。麦克法兰把他的双重身份归功于他对自行车的顿悟：“作为父亲，我想帮助儿子成功；作为赛车手，我想为他造一辆更好的自行车。”[44]如果马库斯知道这句话，他一定会感到骄傲的。

麦克法兰也在从不同角度看待减法，他将关注的重点放到了人的身上。我并不是说一般的专利发明人完全忽视了人，而是说他们发明的技术和东西虽然也是为了人类，但发明本身往往会更引人注目。

麦克法兰描述了他是如何通过减法，发现了隐藏的“少”的[45]：

> 自行车的传动系统包括脚踏板、曲柄、轴承、链条和链齿轮，我意识到这是自行车最重也最复杂的部分。我在此处停顿了很久，思考该如何减轻传动系统的重量。

接着，麦克法兰描述了他的思路：

> 我可以在上面打洞吗？可以去掉一部分吗？
>
> 最后我想……我可以直接移除这部分吗？

直到此时，他考虑的还只是自行车。

但是为了给最后一个问题一个肯定的回答，他将人纳入了考虑范畴。

他意识到，自己并不只是改造自行车，他要思考自行车，思考2岁的孩子，以及孩子骑自行车要干什么。从这一角度进行思考之后，作为父亲的麦克法兰发现 2 岁的孩子有足够的力量来驱动自行车前进。此外，他还发现 2 岁的孩子已经能够保持平衡了。

人们通常认为，儿童要到 4 岁才有足够的力量和身体协调性去踩动脚踏板。但去除脚踏板后，2 岁多的孩子也可以保持平衡了，这确实出乎人们的意料。

埃兹拉骑着平衡车在他姨婆的修道院外飞快地绕了一圈，他姨婆非要我解释平衡车使用了什么技术，可以自动保持平衡。工程师花了很长时间，试图研制出能够像人类一样行走且保持平衡的机器。即使是像埃兹拉姨婆这样 80 多岁的修女，似乎也习惯了关注事物，而不是关注人。她还以为是平衡车采用了什么技术才让车身保持平衡，但这无形的力量其实源自埃兹拉。埃兹拉骑车时很认真，而且还有几分成熟老练的表情，看得出他十分自豪。

杜鲁门发表就职演讲后，对"多"的追求就成为一种道德观念，应用科学也开始蓬勃发展。发展能带来更美好的未来，科技也能带来更美好的未来，比如研制原子弹的"曼哈顿计划"就加速了二战的结束。

杜鲁门鼓励全世界人民将新技术应用于发展和战后重建的事业中来。[46] 他说："我认为我们应当让热爱和平的各国人民受益于我们的技术与知识储备。"他还呼吁其他国家"将它们的技术资源集中到这一事业上来"。他骄傲地宣称："我们在技术知识方面的资源是无法估量的，是不断增长且用之不竭的。"他甚至把对更多物质财富的向往和对技术的热爱结合在了一起，认为"提高生产的关键是更广泛、更积极地应用现代科学技术知识”。

如果我们把技术定义为运用科学的手段来做事情，我不反对杜鲁门说的任何一句话。照这样理解，原子弹是技术，珀洛的安静时间也是技术。然而，如果我们认为技术只是机器，那我们就会忽视人类本身。

重新关注到人这一真正重要的因素后，拆除自行车的脚踏板就是自然而然的事情了。有一天，我跑着步，埃兹拉在旁边骑着平衡车，我对他说：“你可真幸运，我小时候连平衡车都没有。”

他回答道：“你没有扳手吗？”我知道他不是刻意在讽刺我。

扳手倒是有很多，但是在瑞安·麦克法兰之前，没有人用扳手拆过脚踏板。他是第一个这么做的人。为这样一辆车花上 100 美元，你会觉得物有所值。如今，麦克法兰已经卖出了超过 200 万辆平衡车，而销售额还在不断增长。他创办的非营利性组织捐赠了价值数百万美元的现金、产品，还花费了大量时间，其目的就是让更多的孩子能骑上“自行车”。加法确实能带来大量的物质财富，但麦克法兰提醒我们，加法和减法都能带来财富，减法好处多多，当我们考虑到金钱背后的人这一因素时尤其如此。

从纪念碑、房屋翻修、专利，到我们宝贵的时间，这些故事的本质是相同的。经济因素强化了生物和文化因素，最终，在我们的研究中，60 名参与者只有一个人使用减法来改进乐高积木的结构。

加法的力量或许确实很强大，但这并不意味着只能增、不能减。事实上，使用减法也能带来显著成果。正如我们已经看到的那样，一定的提示能让我们更容易想到减法。减法想得越多，我们越容易寻求到“少”，大脑中就会有更多的通路被激活，我们也就能想到更多的减法，如此循环往复。

与此同时，我们使用加法的本能、崇尚更多的文化，以及不断增长的经济都意味着减法有着巨大的潜力。比如，意识到立法程序忽视了减法，莉萨·杰克逊把牛奶从油类污染物的名单中剔除了，还有莱斯莉·珀洛给软件工程师提出了停掉工作的建议，奇普从卡丁车中一跃而起，这些方法都因为自身的新颖性而使效果更显著。无论是纽约哈林区的口袋公园、萨凡纳的广场，还是林璎设计的越战纪念碑，体现在实物中的减法也因周围做加法的“场”而更具震撼力。当所有人都在做加法的时候，是不是更要磨砺一下做减法的技能呢？

我们认识到了做减法带来的挑战，也尊重这样的挑战。

接下来，让我们接受挑战吧。

2

分享“更少”

人这一生的修行就是一个做减法的过程。减法思维，不是要求我们简单地摒除冗余的信息，而是教会我们在日常生活中，洞察真相，看得更透彻，活得更轻松。

第五章
思维反转：找到减法，分享减法

满意度达成后的“更少”

“我没时间写出简洁的信，所以只好写一封长信给你。”这句话常常被认为是马克·吐温的名言。虽然现在也找不到马克·吐温说过这句话的证据，但他一定说过类似的话。许多人宁愿多写也不愿少写，因为他们明白简洁的文字需要花费更长的时间，这些人包括政治家西塞罗、科学家帕斯卡尔、散文家梭罗以及政治家、科学家和散文家本杰明·富兰克林。[1] 在此类的观点中，让我印象最深刻的是哲学家、医生约翰·洛克说过的一句话：“实话说，我现在很懒、很忙，所以也不想做什么精简。”[2] 对质疑自己付出的努力的人来说，洛克的话是很有启发性的。

无论是写文章还是搞建筑，无论是思想还是实实在在的事物，我们都会发现最简单、最实用的方法往往就是顺其自然。赫伯特·西蒙的努力成就了他的诺贝尔经济学奖。他发现，当做得足够好之后，我们就会停下，这是一种普遍存在的倾向。西蒙将这种倾向称为“满意度”（satisficing），它是“满意”（satisfying）与“满足”（sufficing）合并而成的一个词语。[3]

西蒙发现，我们之所以能够达成满意度，是因为理论上可行的改进做起来非常困难，不值得努力，或者没有必要。在这种情况下，存在缺憾的满意度是最有意义的，是实现目标最快捷的途径。我去商店购物时，就买我第一眼看到的意面酱。它里面没有肉，价格不超过5美元，而且也不影响埃兹拉每天的钠盐摄入量。当然，我也可以花更多的时间去找一款更健康、更便宜的意面酱，但有这点时间我都可以考虑买哪种意面了。

在足够好的时候停一下，可以让我们不浪费精力。但如果不够慎重，我们还可能错失进一步做减法的机会，这不仅仅体现在马克·吐温的信件中。回想一下我们初学骑车的那种自行车，也恰好体现了这一点。标准的脚踏自行车与带有辅助轮的自行车相比零件更少，但是对一名新手来说，骑标准的自行车是不可能做到平衡的。这是满意度达成之前的“更少”，参照约翰·洛克的说法，可以称为“懒人简省”。对新手来说，一辆自行车只要有脚踏板和辅助轮就足够了，因为新手可以稳住自行车而不会摔倒。但麦克法兰推出的新型自行车——平衡车，则不仅仅是足够好，它能够更加有效地帮助新手学习骑“自行车”。这种超越了足够好之后的“更少”让我们很感兴趣，因为这就是满意度达成之后的“更少”。

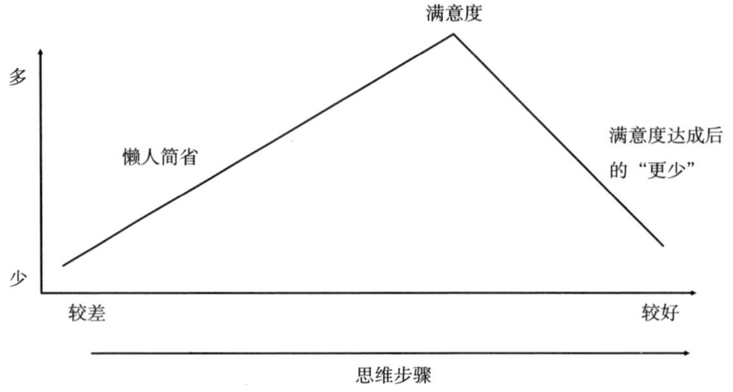

图5-1　满意度达成之后还要实现“更少”，是一条更加不易的道路

要在满意度达成之后继续寻求“更少”，则需要更多的步骤。就算我们竭尽全力让自己去超越足够好，我们也面临着那些熟悉的阻力，阻止我们实现“更少”。这些阻力包括我们忽视减法的倾向，我们喜欢做加法的本能，以及这个建立在“求多”信仰之上的社会。换言之，额外的努力可以在满意度达成之后实现“更少”，但如果我们不会做减法，额外的努力就会让我们在满意度达成之后变得“更多”。

这种情况是可以改变的。在对这个喜欢做加法的世界进行研究之后，我们明白了人们是如何忽视减法的，或许是连富兰克林和洛克都从未达到的一种程度。有了这种认识，我们才有可能去寻求其中的平衡。如果我们错过了做减法的机会，那么这些机会究竟在哪里呢？要怎样才能让其他人认识到这样的机会呢？

爱德华·塔夫特对他发现的“少”进行了有偿分享。他的现场研讨会有成千上万人购票参加，其出版的 5 本书已经卖出了数百万册。

塔夫特曾任职于耶鲁大学，教授政治学，但如今活跃在信息设计领域。他将数学和科学引入平面设计，从而创建了信息设计这一独特的领域。[4] 在他的研讨会上，同时也在他的著作中，塔夫特解构了一些信息设计的实际案例，发现无论是计算机屏幕、街道标识还是书本中的图形，它们在呈现信息时都运用了一些共同的原则。

塔夫特将这些屡试不爽的原则分享给他人，帮助他人从优秀到卓越。

塔夫特的一些原则也提到了做加法的问题。他创造了“图表垃圾”这样一个词，以此让我们注意到图表中经常容易产生的一些没有任何意义，反倒会分散我们注意力的标记。[5] 这些图表垃圾包括：用三维图形展示二维数据，没有必要的网格线，过分强调的轴线，还有一些并不重要的标签和数字被摆在与重要的标签和数字同等重要的地位。

图 5-2 是图 5-1 的修订版。我们希望它也是一个例子，让读者看到如何清除图表垃圾以增加图表的清晰度。

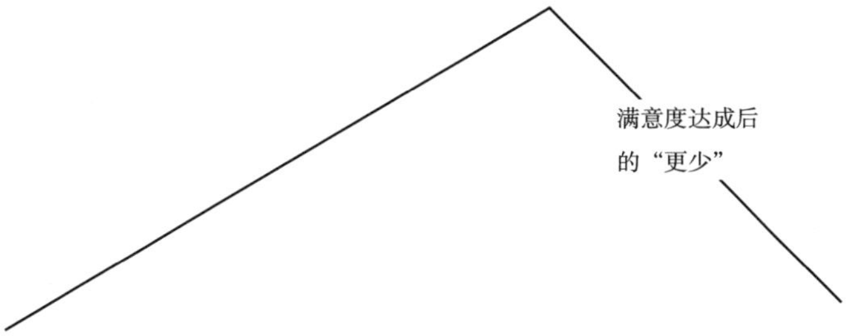

图5-2　满意度达成之后还要实现“更少”：去除图表垃圾

去除图表垃圾，正是塔夫特所追求的实现“信息墨水比”最大化的一个途径。他的这一“信息墨水比”很方便，也很实用，所有人都可以根据这一原则对自己的图表进行评估和修改，其实也是让我们在加法和减法之间寻求平衡。要努力实现信息墨水比的最大化，我们可以增加信息，同时减少笔墨，这就是塔夫特所说的：“删除毫无信息价值的笔墨，删除承载冗余信息的笔墨，不断编辑和修改。”[6]

如果数据墨水比达到了最大化，我们分享的信息不仅可以满足我们的期望，还能带来意想不到的见解与收获。塔夫特也提到林璎设计的越战纪念碑，认为林璎坚持按照时间顺序（而不是按照字母顺序）刻上死者的名字，这本身就体现出这场战争的规模和演变，而不需要在墙上雕刻更多的东西。

要对一篇已经很不错的文章进行精简，需要花费更多的精力；在图表设计中，要实现信息墨水比最大化也是如此，但这种付出是值得的。这就是为什么许许多多有抱负的设计师、艺术家和科学家要学习塔夫特的技巧，也是彭博社将塔夫特称为“图形界的伽利略”的原因。[7] 因为塔夫特还涉足了雕塑中的减法艺术，我和《纽约时报》的观点一样，认为他也是“数据中的达·芬奇”[8]。

另外，我还把凯特·奥尔夫视作“对待现实问题的塔夫特”。塔夫特教我们在信息达成满意度后要进行减法，奥尔夫则展示了如何在我们周围的环境中做减法。

想到减法，需要在心理上多经历几个步骤；要把减法用起来，则需要更多实际的步骤。比如，去掉一个冗余的词组，我们得首先把它写下来；清理哈林区一处空置的褐石建筑，得先有人把这栋房屋建好。

同样，要“揭开”一条河流，得首先有人把这条河流覆盖上。

1833 年夏，有大约 6000 人居住在肯塔基州的列克星敦。[9] 到了秋天，已经有超过 500 人因霍乱而死亡。很快死掉的人还算幸运，而那些在垂死状态下挣扎了好几天的人，他们能意识到自己的身体在慢慢脱水。外面的尸体来不及掩埋，越堆越多。[10] 无家可归的孤儿在街上游荡着，向路人乞讨食物。

和许多城市一样，列克星敦是沿河建起的城市，镇支溪（Town Branch Greek）赋予了这座城市生命，源源不断地为人们提供饮用水，为庄稼种植提供灌溉用水，还为磨坊提供水源。然而，当镇支溪河水泛滥时，人们卫生间的排泄物，以及放养的猪和牛的粪便，都与河水混在了一起。再加上列克星敦这座城市建在多孔石灰岩上，所以地表的污水很容易就渗入地下，而地下水又为列克星敦的水井提供了水源。因此，如果镇支溪没有发生洪水泛滥，城市没有被淹没，列克星敦就不会发生因霍乱而导致的这场悲剧。

于是，人们开始着手控制流经列克星敦的镇支溪。他们不断深挖并加固河道，以遏制并引导河水的流向。人们还修建了许多房屋、工厂和道路，一点点地将镇支溪盖住了。[11] 只有在少数几个地方，镇支溪仍然暴露在外面，但看起来几乎和排水沟没有什么区别。

列克星敦就以这样的面貌进入了 21 世纪，而这里的人口数量也要接近 30 万了。列克星敦的市领导一直在寻找改造市中心的办法。2013 年，政府策划了一场设计大赛，提供的高额奖金和获得声誉的机会吸引了许多专业从事城市大型改造规划的公司。

然而，这场比赛最后的获胜者出人意料，它是凯特·奥尔夫名下一家叫作 SCAPE 的小公司。[12] 不过，正是因为他们提出的改造计划，奥尔夫和她的公司已经不再是默默无闻的小公司了。

奥尔夫为列克星敦所做的规划被称为“镇支溪公地”规划。这片公地紧挨穿过列克星敦市中心的镇支溪，河道两旁是超过 2 英里（约 3.2 千米）的历史古道。与霍乱之后的改造计划一样，奥尔夫的规划是要控制河水泛滥，甚至要对河水进行过滤。该规划将营造大片的绿地，并在列克星敦市中心和周边的马场之间修建一条多用途道路。清澈的河水又将缓缓地流入列克星敦市中心；同时，她还巧妙地挖掘了水池，并在石灰岩上设计了窗口。[13]

奥尔夫对列克星敦的改造，就是一项满意度达成后做的减法。在实现足够好的过程中，列克星敦为了控制镇支溪这条河流，铺设了许多污水管道和水渠，又修建了许多道路和房屋，并将这些管道和水渠埋在地下。这类情况其实随处都能见到：位于哈莱姆区的科利尔兄弟公园以南几英里的地方，米内塔小溪现今仍然隐藏在格林威治村的街道之下[14]；伊斯莱斯河在旧金山苏·比尔曼公园下面缓缓流过。[15] 把这些水道盖住能够改善卫生条件，扩大有价值的地产面积。在应对霍乱的时期，这样做加法还是令人满意的。但是，这一做法无形之中又造成了许多不良后果，比如导致生物栖息地退化，同时造成下游地区洪水泛滥。

所以，要改造 21 世纪的列克星敦，奥尔夫的计划是加法与减法并用。她的设计将修建一条多功能的道路，用以代替拆除了的混凝土路面；她在石灰岩层开凿窗口，挖掘水池。通过使用减法，奥尔夫的设计不仅符合了人们的期望，让市中心免受洪水泛滥的危害，同时，还将人、地、水联系在了一起，超越了人们的期望。

与高楼林立的列克星敦街道相比，镇支溪公地看起来如同自然打造的一般。镇支溪公地西端建造的新公园，和纽约的中央公园一样，甚至可能让人以为它是列克星敦市建立之初就留存下来的一片绿地。这片蜿蜒曲折的绿地将吸引人们从市中心来到这里，如同萨凡纳广场，从一开始就充满精心设计的协调之美。这种看似通过“懒人简省”打造的绿地，实则正是奥尔夫使用减法的结晶，这是通过她的视野和努力营造出的“简单之美”。

为了能够在满意度达成之后做到“更少”，奥尔夫和她的团队必须付出更多的努力。他们必须得考虑管道、水泵、混凝土和其他所有控制水流的可靠方法，他们必须进行多次实地考察，必须考虑列克星敦独特的石灰岩地质状况，也必须考虑那里遍布乡野的蓝草，以及那里的人，就和瑞安·麦克法兰考虑的一样。要考虑到他们的现状，还要考虑他们的未来。要考虑这些情况，奥尔夫无疑是放弃了短期收益。对一名专业设计师而言，在竞赛入围时付出得越多，就意味着你付出的成本越高。不过，我购买意面酱时，商品足够好就可以了，但对凯特·奥尔夫改造列克星敦市而言，足够好却并不适用。

事实上，看似多余的付出并不是没有意义的。当奥尔夫的设计胜出并开始筹集资金时，她在满意度达成之后寻求的“更少”得到了认可。该改造计划很快就获得了联邦政府2000多万美元的拨款、肯塔基州700万美元的拨款，以及列克星敦市当地的1200万美元拨款。有了资金保障之后，改造工程于2020年年初展开。

现在，奥尔夫和她的公司很受欢迎。在赢得列克星敦的设计大赛之后，奥尔夫还设计了布鲁克林区的一条海滨绿道。她拆除了道路，重建了自然环境，让这条海滨绿道庇护纽约居民免受超级风暴的侵袭。奥尔夫还横穿美国来到了加州的旧金山湾区，为阿拉米达溪（Alameda Creek）拆除各种人造栅栏，使这条溪流能够再次“活过来”，让它携带各种沉积物，滋养着具有保护作用的潮汐生态系统。

在满意度达成之后做到“更少”，就意味着在此之前我们肯定做过一些加法。无论是疏导河流还是表达一个观点，抑或勾勒一个图形，我们并不是从零开始。承认这一点非常重要，因为先做加法会给减法的运用造成心理障碍。看到一些事情已经完成，我们往往会顺其自然。我们的改造，要么是不得已才进行，要么是觉得太麻烦而迟迟提不上议事日程，或者，就像无数获得满足感的人所说的那样：“如果此前建造的东西没有损坏，就不必修补。”先做加法就已经让约翰·洛克变得懒怠，再做减法就需要更多的付出。

引人注目的“更少”

做到这一步仅仅是成功的一半，我们还要让其他人注意到我们在满意度达成之后要继续做减法。我们需要观众、客户、朋友和家人去欣赏我们做出的那些改变，那些比从前更好的改变。凯特·奥尔夫提议拆除列克星敦市中心的基础设施，这个提议让她赢得了这场设计大赛，也让她赢得了更多的关注。做一道看得见的减法，你需要创作出塔夫特风格的幻灯片，而不能让观众误认为你是在偷懒。

优秀的文章都体现了这样一条原则。所有的专业人士、现实的案例和研究都表明了同一个观点：从客观上来讲，更少的才是更好的。这或许正是马克·吐温及其前辈所认可的，也是欧内斯特·海明威写作理论的精髓："你可以省略任何部分[16]……省略能够让这个故事的主题和意义得到深化和加强。"[17] 丹尼尔·奥本海默开展了一项研究，题为"博学者本土语乱用的后果：使用不必要长单词的问题研究"。其研究数据表明，更少才会更好。[18] 大学生都应该读一读威廉·斯特伦克与 E. B. 怀特合著的《风格的要素》一书，至少在老师的要求下读一读，否则你很难通过大学阶段的学习。威廉·斯特伦克从事英语教学数十年。1959 年，斯特伦克的学生怀特对斯特伦克的写作指南做了更新，最后形成了《风格的要素》一书。[19] 这本书也成为很多课程教学大纲的必备书。[20，21]

这本书最为人们熟悉的一条建议就是："省略不必要的单词。"[22]

有了这样充满智慧的建议，我、亚当斯、本和安迪都认为，应该可以通过写作来观察人们运用减法。然而，无论是修改自己的还是别人的总结，参与者都倾向于用加法，他们似乎并没有把斯特伦克和怀特的建议真正地用起来。[23]

或许我们的参与者知道最佳的解决办法，但他们猜想评估者可能注意不到他们省略的部分。研究表明，对一个观点质量的评价往往与描述该观点的长短有关。[24] 我们的参与者可能都知道对于标准化测试，答得越多，得分一般就越高。而从客观评判来看，文章越简洁，效果也会越好。这又提醒我们，真正重要的是读者对你文章的反应。

考特尼是当年参加过我家“设计大赛”的一名学生，那场大赛让我们家最后新增了几个房间。几年后，她申请了研究生。在申请过程中，她遇到了一些问题，觉得我可能会很感兴趣，于是就告诉了我。其中一个问题是哈佛大学设计研究院提出的[25]：

> 在许多学科中都出现过一句格言：“更少的才是更好的。”你是如何理解这句话的？（300 字）

让我感兴趣的是紧跟在这个问题后面的字数要求。考特尼的答案字数只能在 300 字以内，还是至少 300 字，抑或这个要求仅供参考？在给出这样一个题目之后，再给出这样一个要求，是一种有意的讽刺吗？

给哈佛大学挑点错真是有意思。事实上，老师时刻都在鼓励我们做加法。历史老师要求我们写一篇论文，“至少要写 10 页”；做数学题时，如果不写上解题过程，数学老师就会扣分。即使老师没有明确要求，我们也会争取写得更多。我们在写论文、搞设计或者做计算的时候，不愿意删除任何一个部分。这倒不是因为每个部分都对主题和内容有帮助，而是因为我们想让别人看到我们所做的工作，我们不都是这样的吗？

为了提交一份远远少于300字的答案，考特尼必须克服人类进化过程中形成的展示自我能力的本能，向他人证明她能够塑造自己的世界。更重要的是，她确信几乎所有申请者都会写出300字左右的答案。毕竟，这300字实实在在地表明你在这个问题上花费了时间、耗费了心思，就不会让人误以为你在偷懒。然而，考特尼决心冒一次险，于是她写下了一首三行俳句诗，一共只有15个英文单词：

A wall torn down or; a single door that opens; can mean so much more.（一堵被推倒的墙，一扇打开的门，可以意味着更多。）

无论是在学习还是在实践中，做得多总是会让我们感到放松一些。在另一家公司为列克星敦规划的蓝图中，他们计划修建井然有序的新建筑，对各条道路进行加宽，并在道路两旁安装微型数据采集计算机。他们保证，花钱聘用他们的专家进行改造将是明智之举。当凯特·奥尔夫使用减法，重点突出列克星敦的自然之美时，她的规划就显得很单薄，也十分冒险。虽然奥尔夫在规划中付出了更多的努力，但她的规划看起来却没有多少可以展示的。

那么，如果你付出的远远超出了仅仅让人满意的范围，但人们对你所做的减法却并不买账，你会怎么做呢？你如何将那些不存在变得有意义呢？你要如何做到不仅仅删减文字，还能让你的粉丝和评论家都为你做的减法而鼓掌呢？

摇滚巨星布鲁斯·斯普林斯汀被称为是“新泽西州的海明威”。他觉得，专辑《城市边缘的黑暗》是他的“武士唱片，剥去一切迎接战斗”[26]。记住，想要剥去，一开始就得有东西存在，无论是一首摇滚歌曲、一座高楼林立的城市，还是一个含有垃圾成分的图表。

在删减了部分歌词之后，斯普林斯汀确定了专辑《城市边缘的黑暗》的最终版本。在此前发行的专辑中，他就已经证明了自己卓越的创作能力。《光盲青春》是斯普林斯汀首张专辑《新泽西州阿斯伯里公园的问候》里的第一首歌。这首歌中的第一句歌词是这样的：“流浪的疯子鼓手，夏天里的印第安人，和一个十几岁的外交官在一起。”

这句歌词可以和专辑《城市边缘的黑暗》中的《街道赛车》（也是埃兹拉的摇篮曲）的第一句做个比较：“我有一辆 69 年款的雪佛兰 396。”

在《城市边缘的黑暗》专辑中，斯普林斯汀尝试着将长的单词替换为短的词语，同时删去了不必要的词。该专辑中每首歌平均只有 225 个单词，比他以前发行的任何一张专辑都要少得多。

这张专辑的乐器伴奏也简单朴素。正如斯普林斯汀在他的自传中所描述的那样：“鼓声雄浑又不失柔和时，就会留出空间包容吉他饱满的声音；吉他强劲而又细腻，就能让鼓声响彻整栋房屋。”[27]

这张专辑中的每一首歌，都呈现出了一种被“剥去”之后的声音。应该说，这张专辑本身就体现了对减法的不断追求。专辑从最初的 50 多首歌削减到最后只剩下了 10 首歌。他拿掉的一些歌曲最后成为其他歌手的热门单曲。比如，帕蒂 · 史密斯凭借《因为夜》，登上了排行榜第 13 名；加里 · 邦兹凭借《这个小女孩》，登上排行榜第 11 名；指针姐妹凭借《火》登上排行榜第 2 名。而那时，斯普林斯汀还没有单曲进入排行榜前 20 名，他大胆地将这些热门单曲从专辑中拿掉，确实让我们印象更加深刻。[28]

斯普林斯汀砍掉了一些歌词，减少了一些音效，放弃了一些歌曲，正是因为他在不断地做减法，他富有特色的歌曲引起了人们的关注。以固执而出名的摇滚评论家戴夫·马什在《滚石》杂志上撰文称，《城市边缘的黑暗》“具有突破性的进展”[29]，他认为这张专辑“从根本上改变了我们听摇滚乐、录制摇滚乐，以及演奏摇滚乐的方式”。这张专辑被声名显赫的《新音乐快递》杂志评为 1978 年的年度专辑，在各类最佳摇滚排行榜中一直名列前茅。[30] 从推崇垃圾摇滚的珍珠酱乐队，到重金属乐队暴力反抗机器乐队，再到提倡新浪潮的杀手乐队，这种求简的审美激发了整个摇滚音乐界的创作灵感。

不管你是不是摇滚歌手或评论家，你都可以欣赏斯普林斯汀的“武士唱片”。在明白《城市边缘的黑暗》为什么如此与众不同之前，我就是觉得它与众不同，很多粉丝也和我的看法一致。这张专辑让斯普林斯汀开了 115 场巡演，其间他还售出了数千万张的专辑和演出门票，这也让斯普林斯汀摆脱了债务危机。现在，斯普林斯汀名下有 300 多首歌曲，在他的演唱会曲目中，至少有 5 首选自《城市边缘的黑暗》专辑（一般会有《荒原》《应许之地》《整夜证明》和专辑同名主打歌《城市边缘的黑暗》；当然，如果幸运，还有埃兹拉的摇篮曲《街道赛车》）。[31]

和斯普林斯汀一样，林璎也是不停地追求着令人瞩目的减法，这让她的匿名设计能够在 1400 多名参赛者中脱颖而出。凯特·奥尔夫也是一样，她让纵横交错的水池和窗口结构不断简化，为列克星敦市中心带来赏心悦目的新面貌。

2017 年，鉴于奥尔夫扩展了“传统景观建筑的界限”，麦克阿瑟基金会授予她“天才奖”，以表彰她超凡的创造能力，认为她“对传统景观设计这一领域进行了拓展”[32]。斯普林斯汀对减法的不断追求，从根本上改变了我们听摇滚乐的方式；奥尔夫显而易见的减法拓展了一个学科的边界。适当做一做减法，不存在的东西反而可能成就一个令人称道的故事。

本书的封面，我也在尝试做减法，希望能够更加引人注目。我希望这条下斜线能提醒你不断追求减法，能够让你从达成满意提升至引人注目的“更少”。不过，本书封面的设计确实是由一名专业封面设计师完成的，所以我也希望能以此提醒读者，要让你的减法做得引人注目，通常是需要寻求帮助的。

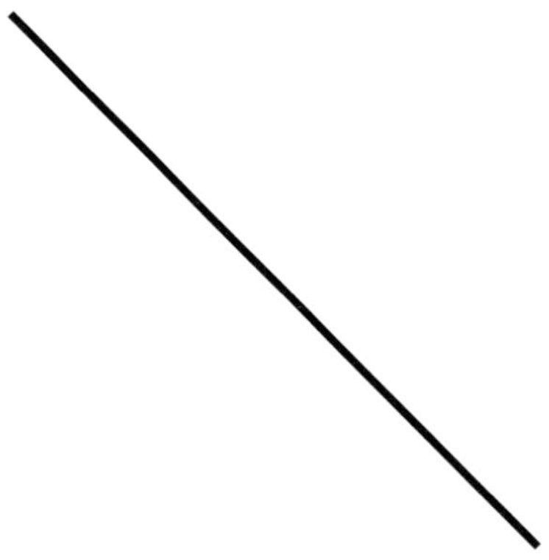

图5-3　引人注目的“更少”（在专业编辑帮助下完成）

咨询别人的意见，没什么丢人的。当我们进行创造的时候，无论是针对石灰岩，还是针对一张专辑或一段文字，总会自然而然地对已经完成的工作存在依赖性。[33] 虽然先前的工作与我们现在的决定毫不相干，但放弃已经完成的东西会让我们觉得是一种浪费，浪费了我们花在它上面的精力。这也是实验参与者在修改文章时，总是对别人的文章删得多，对自己的文章删得少的原因。[34] 几乎没有人能像考特尼那样，给哈佛大学写那样一首三行俳句诗。

所以，我们可以通过别人的帮助获益，最理想的帮手就是对我们先前工作没有多少依赖性的人，或者是擅长做减法的专业人士。欧内斯特·海明威曾与马克斯·帕金斯合作过。帕金斯是一位文学编辑，正是他的慧眼成就了弗朗西斯·斯科特·菲茨杰拉德、托马斯·沃尔夫以及马乔里·金南·罗林斯等一批大作家；而斯特伦克和怀特能够推出那样一本有影响力的著作，也是因为怀特本身也是一名编辑。

一篇文章、一本书值得读者去读，都是编辑在我们自己发现不了的地方做了减法。即使我在书中掂量着使用每一个词，编辑读到的内容仍然比你现在从书里读到的要多得多。所以，正是因为有了编辑的帮助，我相信你才会有很不错的阅读体验。

减至激发出喜悦为止

在早期的研究中，我的团队明白了加法的意义。随后，我说服了十几个学生报名参加第一期关于减法的课程。第一天上课，在做完介绍之后，我就试图向这批学生说明他们在课程中能够学到些什么。我首先谈到瑞安·麦克法兰拆除儿童自行车脚踏板的例子，告诉大家这是一个漫长的过程。为了证明减法在大多数情况下都被我们忽视了，我向他们分享了我们对乐高积木、安迪的栅格实验以及专利的研究。随后，我打算概述一下忽视减法背后那些错综复杂的原因，比如我们的本能以及社会倾向。就在我的概述讲了不到5分钟的时候，有同学举手了。“萨拉，请讲，”我叫起这位同学，而她的问题也很有代表性。

“你指的是像近藤麻理惠那样的人吗？”

据我所知，收纳专家近藤麻理惠颇有名气。[35] 有些人，比如像萨拉，很早就信奉近藤提出的一系列收纳方法。近藤的拥护者听取近藤在《怦然心动的人生整理魔法》一书中的建议，把厨房打扫得干干净净，为数不多的T恤也是卷起来而不是叠起来摆放。近藤的这本书出版之后，网飞将它拍成了系列节目。[36] 一些人看完之后，也开始信奉近藤的收纳整理方法，莫妮卡就是其中一员。这样一来，我们的衣橱也变得整洁了，需要的东西很容易找到了。

还有一些人，他们声称没有读过近藤的书，也没看过她的节目，但还是承认他们确实听说过近藤。这类人在教授群体中尤为常见。他们往往不愿意接受任何规定性的自助行为，特别是那些没有什么科学依据的方法。

虽然我一直沉迷于对减法的研究，但在与亚当斯、本和安迪的合作中，我有时候也表现出信奉近藤的倾向。而萨拉的这个问题，促使我亲自去见了近藤本人，我想听听她是怎么说的。

与近藤相处让人感到很愉快，她对家居收纳整理提出的许多建议听起来也很有道理。近藤的方法并没有经研究的理论依据，也没有现代科学特有的系统性和规程，她并不拿这些东西来装点她的方法体系。她的语气、观察和建议都很主观。正是在这样一个特定的环境中不断地进行试错，近藤最终总结出一系列方法，而这些方法也得到了科学的认可。“要找到我们真正需要的，最好的办法就是把那些我们不需要的扔掉。”近藤通过这句话告诉她的拥护者，把东西留下和扔掉是两种互补的整理办法。在《怦然心动的人生整理魔法》一书中，有一整节的内容详细地描述了近藤是如何“断然而彻底”地清除各类物品的；她还列出了具体的步骤，教人们如何更有效地做减法。在我看来，近藤最有价值的一句话是这样的：“对物理空间进行整理，可以让你更接近自己的心理空间。”她通过这样的方式将思想和实物联系在了一起，这足以让爱默生感到欣慰了吧。

以上是我对近藤的一些理解，或许你并不赞同，但没关系，对我们而言，近藤教会我们最有价值的东西就是，她引导人们做得更多，最后得到的结果却更少。

与其他人不同，近藤的建议充满强大的力量，因为她特别强调“点燃快乐”。在家庭收纳整理方面，别人一般会建议扔掉那些你不想要的东西，或者那些没用的东西，而近藤却颠覆了这一逻辑，她让整理更加注重人本身。她说我们应该留下那些能够激起我们快乐的东西，至于其他的就可以扔掉了。一般家里往往闲置着很多T恤、厨房用品和乐高积木，这些堆积的闲置物品显然没有给我们带来真正的快乐，但我们却从没想过把它们扔掉。近藤坚持认为，如果一个物品不能让你快乐，那么，是时候让它从你的生活中消失了。

近藤提出的“点燃快乐”就像咒语一样引起了很多人的共鸣，随之变成了一场运动，最后不可避免地成为一种文化，也成为近藤下一本书的书名。[37] 坚持做减法，让其他人也接受减法，减法会为你带来很多乐趣。

收获快乐并非易事，事实上，减法挑战完成之后，我们可以获得巨大的回报。

埃兹拉还是婴儿的时候，有一个绒毛小鱼挂饰。我们就在这个挂饰下面给他换尿布。换尿布的时候，埃兹拉总会哭闹个不停，我和他妈妈就会拍拍小鱼，然后再让他躺好。这时，埃兹拉的注意力会分散，继而停止哭闹，双脚和两条胳膊也随着小鱼的旋转而不停地晃动。长大一点后，埃兹拉可以自己拍打小鱼了；再大一点，他甚至可以抓住小鱼了；后来，埃兹拉可以一把将他最喜欢的这个橙色小鱼从挂架上扯下来。这真是令人难忘的变化。

而让我印象最深刻的，就是他扯下那条小鱼之后的表情。他当时的表情并不是“快表扬我，快拍照”，而是俨然在说：“我是很严肃的，我做到了。”在埃兹拉骑单车、搭乐高积木，或者进行忍者训练的时候，脸上也会出现这种表情。

埃兹拉抓着他的小鱼朋友时，虽然并没有在我这里寻求肯定的目光，但我却喜不自禁。这个世界上仿佛只有他一个人，他已经用一种全新的方式向自己证明，自己可以做出改变。

当我们向别人展示我们可以改变世界，那就是在展示我们的能力。我们向自己展示我们可以改变世界，这就是“自我效能感”[38]。自我效能感是指我们相信自己有能力找到动机，付诸行动并改变自己周围的环境。当自我效能感比较高的时候，我们相信自己可以改造思想和事物；当自我效能感不高的时候，我们总认为情况超出了我们的控制范围：为什么要执着地去扯那条橙色小鱼呢？为什么要骑平衡车呢？为什么要去尝试改变事物的现状，使之变成我们想要的样子呢？

我越看埃兹拉富有自我效能感的小脸，我就越肯定，总有一天，埃兹拉将不再依赖我和莫妮卡，而是靠自己去做出改变，为自己，也为他人。想想真是甜蜜的痛苦啊！相信埃兹拉能够在这个过程中找到乐趣。

那些不断提升、不断进步的人，会在努力的过程中进入一种被心理学家称为“心流”的状态，这是对他们最好的奖励。当完全沉浸于一件事情中的时候，你便会进入这种“心流”状态，察觉不到时间的流逝。[39]突然之间，你会发现游戏已经到了最后一分钟、电台主持人说这是最后一首歌曲了，或者你的积木城堡只差最后一步了。

心理学家米哈里·契克森米哈赖在他的代表作《发现心流》中，通过具有说服力的例子称这种状态代表了最佳的心理体验。他认为，这种最佳心理体验产生于能力与挑战之间的碰撞。让一名高中足球运动员与埃兹拉这样的小孩比赛，他会觉得没有任何挑战性；但如果让他去踢职业比赛，他会觉得完全遭到碾轧，也根本不会有心流可言。发现心流，我们就要竭尽全力，但不要做无用功。

让我们回到减法上：“懒人简省”不是一个挑战，因此不能激发心流，也不会带来任何改变。

为了达到足够好而做加法，稍微有一定的难度。但是，达成满意度当然不能代表我们做出改变的能力或者极限，因此，足够好也不能激发心流。

当我们超越了足够好之后，心流就会出现。我们需要承认，满意度达成后再做加法可以激发心流，但使用减法可能更具优势。要明白这一点，不妨想一想斯蒂芬·金说过的一句话："写作是人，编辑是神。"或者是林璎所说的类似于斯普林斯汀那样的话："将事物剥去就是我的目标……我喜欢编辑。"

使用数万亿种可能的单词组合来创造有意义的新短语，十分具有挑战性。我们的标准越高，挑战超过我们能力的风险就越大，这就像参加职业球赛的高中生一样。作家写作时遇到瓶颈肯定不是一种心流状态，但要思考如何删减先前所写的内容，心理上总是会受到已有内容的束缚。内容会存在很多的可能性，但至少还是呈现在我们面前的屏幕上或纸上的。通过删减的方式改变已经存在的内容，可能不是我们的第一反应，但进行编辑则是我们的能力可以达到的挑战。这项挑战具有非凡的意义。

我们提到了很多使用减法的案例，这些案例都是在寻求转变的过程中找到了乐趣。斯普林斯汀从事填词和演唱已经 60 年了，不过他 15 岁的时候则专门为人家修剪草坪[40]；奥尔夫是哥伦比亚大学的终身教授，即使哪天她的 SCAPE 公司关闭了，她也一样能养活她的家人；近藤在网飞出品她的作品之前，就已经从出版中赚了数百万美元；塔夫特靠在学校教授政治学为生，他花了10年时间探索心智的未知领域，不过拿得出手的东西并不多，出版商对他写政治学的书不感兴趣，但对他的信息设计却很感兴趣，所以塔夫特把他的房子做了二次抵押，以便能够与更多的人分享他的“信息墨水比”[41]。对近藤、斯普林斯汀、奥尔夫和塔夫特来说，外在世界的奖励似乎比不上他们内在欢愉的心流。

学会对减法进行转换

如果对你或你的受众来说，点燃快乐和寻找心流显得太过夸张或情绪化，那么还有一种更超然的方式来推销你的减法——对它进行一下转换。

要了解如何转换，我们需要理解减法概念是具有消极效价的。在化学中，化合价代表着一种自然的基本力量。虽然我们看不见它，但可以用它来解释元素的活动性。20世纪30年代，心理学家库尔特·勒温借用了这一无形且有影响力的力量来解释人类行为。他认为心理效价是一个事件、物体或想法对人的内在吸引力（积极效价）或带来的厌恶感（消极效价）。[42] 正如在化学中一样，效价现在是心理学中的一个既定概念，对心理建构非常有帮助。

最近，利用心理效价，我们对大量单词的效价进行了分析。有了分析的结果，计算机对文本的解释就能更加接近人类的理解。我们询问了成千上万的人，请他们将数以万计的单词进行效价分类——积极的、消极的或者中性的，最终确定每一个单词的效价。[43] 从分析结果来看，大多数单词都是中性效价；不到 1/5 的单词属于消极效价，甚至连“少”这个词都是中性效价。不过，正如你可能已经猜到的那样，“减法”被认为具有消极效价。

你仅仅通过阅读本书，改变了自己对“减法”效价的认识，那你的客户、受众和朋友又该怎么办呢？如果幸运的话，这本书中的思想将会逐渐渗透到文化中，待积累到一定程度之后，最终将“减法”变成积极效价，或者至少转变为中性效价。在此之前，当你试图和别人分享你对“少”的最新发现时，将“减法”这样的概念做一下转换不失为一种捷径。

凯特·奥尔夫用了 4 个动词来描述她为列克星敦设计的获奖作品。[44] 这些动词在奥尔夫的图纸上用了最大号的字体（见图 5-4），

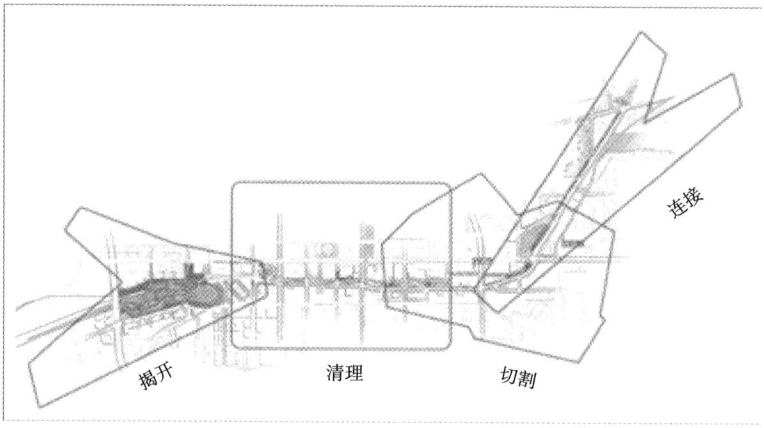

图5-4　凯特·奥尔夫的积极效价动词

资料来源：肯塔基州列克星敦市的镇支溪公地，2013 年入围设计图（SCAPE 公司景观设计）

并用在了设计图的书面说明中。她用的这些动词都不是减法，但其中有三个可以转换为减法。

“揭开”体现了奥尔夫对列克星敦西端的镇支溪公园进行处理的方式。溪水在阳光的照耀下泛着粼粼波光，蓝草也逐渐覆盖了新开辟出来的空地。

“清理”体现了奥尔夫对镇支溪公园东边区域的改造。这里是市中心的核心区域，改造重点并不是拆除人行道并减少车道，而是打造一个个拥有滤水功能的花园，形成宽敞的街景。

“切割”则体现了奥尔夫对市中心东面的改造方式。将停车场拆除，把它们变成一个广场，广场里散落着覆盖有玻璃窗的水池。透过玻璃窗，人们可以看得到广场下面的水流。

奥尔夫使用的第四个动词是“连接”，它指的是将市中心公共区域与另一条步行道路系统连接起来。

词语都有很多语义。凯特·奥尔夫知道，词语的语义有很重要的作用，它们的效价会影响受众的感受。事实证明，当提到减法，甚至只是“揭开”时，这些词的心理效价都会让受众承受较高的风险。

1979 年，在赫伯特·西蒙获得诺贝尔奖的几个月之后，阿莫斯·特沃斯基和丹尼尔·卡尼曼发表了一篇论文，提出我们对已拥有的物品非常珍惜，甚至超过我们没有的东西。[45] 特沃斯基和卡尼曼发现，赢得 100 美元的满足感比不上输掉 100 美元的失望，他们称之为“损失厌恶”，即对损失的反应强于对收益的反应。“损失厌恶”得到了广泛的关注，在行为经济学中是一种典型的表现。对于经济思想的西蒙式编辑，卡尼曼进行了阐释与拓展，这使他获得了 2002 年诺贝尔经济学奖[46]，同时体现在他的畅销书《思考，快与慢》中。[47]迈克尔·刘易斯在《思维的发现》一书中，对卡尼曼和特沃斯基的研究历程做了深入浅出的精彩讲述。[48]

为了研究我们对得与失是如何进行估量的，卡尼曼做了一些非常简单却又很聪明的实验。[49]我和许多其他人一样，也把做过的这些实验带入了课堂。

其中，最简单的实验就是随机给一半的学生一些具有一定价值的物品。你若想真正还原实验，可以给学生一个印有大学校徽的咖啡杯；如果你不想买那么多的咖啡杯，也可以给他们一支铅笔。

当一半的学生收到铅笔之后，我让他们写下愿意卖掉铅笔的最低价格；没有铅笔的学生，我便让他们写下愿意购买铅笔的最高价格。卖家往往把铅笔的价格定在买家的两倍左右。两组学生之间的唯一区别是他们是否得到了一支铅笔，这也正是他们对铅笔价值的认识存在差异的原因。[50]

更换物品和实验对象（包括卷尾猴），实验依然会出现类似的损失厌恶。[51]脑成像技术证实：得与失在我们大脑中刺激的是不同的大脑回路。[52]

经销商就会利用这一点进行销售。比如，汽车经销商鼓励我们进行试驾，其间没有任何附加条件。他们为什么会这样做呢？因为我们对拥有这辆车的感觉越强烈，我们对这辆车的估值就会越高。亚马逊为我提供了一年内两天的无限免费送货服务。我本来是不打算支付费用来继续获得这项服务的，但享受了亚马逊的免费服务之后，为了不失去这项服务，我现在还向亚马逊交纳着这笔费用。

对于我们讨论过的情况，你可能也会发现其中的损失厌恶：当旧金山人拥有恩巴卡德罗高速公路时，他们会认为这比开放一个滨海区更有价值；而现在当旧金山人拥有了开放的滨海区之后，他们也会想将滨海区保留下来。

损失厌恶的力量非常强大，也非常普遍，而且广为人知。但是，厌恶损失不应成为我们忽视减法的借口，我们所追求的减法是一种改进，而且这种改进即使在数量上有所减少，也是一种进步而不是损失。

减少并不是一种损失，但为了避免误解，我们把减法换一个表述方式，就像凯特·奥尔夫那样。

她使用的动词——揭开、清理和切割，是对减法的替代。这几个动词更温和，不会激发消极效价，也不会激起损失厌恶。如果列克星敦市的居民认为奥尔夫减少车道是一种损失，那么他们随后看到的多用途道路不仅需要在客观上优于汽车车道，而且要比原来的车道好得多，从而消除居民的失落感。当然，如果列克星敦市的居民能更加理性地将拆除车道看作一种清理而不是减法，那么对拆除而言也将是更加公平的。

仔细想一想，我们会发现很多例子都是这样的。

塔夫特没有让我们删除先前早已画好的图表，而是让我们争取实现“信息墨水比”最大化。

近藤也对减法进行了转换。就如同我给学生一支铅笔，会让他们高估铅笔的价值一样，“在开始整理之前，在脑中想好你要达成的最终目标”，近藤的这个建议让我至少在脑海中看到一个整洁的生活空间。抱着这个目标去整理房间，我会对一间整理得干干净净的房间感到高兴，而不是对丢弃的乐高积木感到可惜，因为我会觉得得到的比丢掉的更多。

奥尔夫的设计多次出现转换减法的情况，以至我们都不知道这究竟是一种有意的营销手段，还是她出于直觉的思维方式。我猜想这是她潜意识的行为，而我减法课程上的学生娜塔莉却认为这是奥尔夫故意为之。为了验证谁才是正确的，娜塔莉花了一学期的时间反复阅读奥尔夫的《走向城市生态学》(*Toward an Urban Ecology*)这本书。[53] 娜塔莉扫描了书中所有用来描述设计的词，对那些表示加法或减法的词进行编码，然后计算出每个词的使用频率。

在凯特·奥尔夫的书中，她频繁地使用了不会形成损失厌恶和消极效价心理的词语。在描述改变时，她最常用的的词语有：创造（11次），崭新的（10次），发展（8次），揭开（6次），建造（6次)和重建（6次）。在词频较高的词语中，只有削减（5次)容易与损失联系在一起，或者说具有消极效价。

娜塔莉已经证实了奥尔夫对于减法的转换，但究竟是不是她有意为之，我们的争论还没有答案。所以，娜塔莉给奥尔夫发邮件咨询她本人。奥尔夫的答复含蓄而巧妙，只是这样的回应并不能解决我们这场争论。不过采纳奥尔夫的回复，我们肯定不会出错：

> 在考虑一个项目的时候，我经常想的是项目已有的存在，然后再加上对其进行改造和转变的内容。

第六章 减法清单：用减法改变系统

看清系统本身

可能现在看来，《太阳城》这个音乐短片有点滑稽，但在 1985 年一经发布，它就立刻引起了人们对系统性种族主义的热切关注。[1] 这首歌一开头便是一段独奏，由爵士小号手迈尔斯 · 戴维斯演奏；随后，镜头切向一位身着红色比基尼的女士，她脸色苍白，抽着烟在大型游泳池边休息；接着，镜头又转向 Run-DMC 说唱乐队，他们戴着极具标志性的软呢帽，站在铁道下的阴暗角落，唱出了第一句歌词："我们是摇滚乐手，团结一致，坚不可摧。"

音乐第二部分开头，摇滚歌手帕特 · 贝纳塔尔身穿黑衣、头戴耳机渐入镜头，画面显然是在一个演播室里面。她唱道："但家人的四分五散，让我感到不解与茫然。"

不可思议的是，音乐短片中牙买加歌手吉米 · 克利夫和摇滚歌手达里尔 · 霍尔现身合唱，配合得非常完美。只不过克利夫是在拍摄现场，而霍尔的画面则是在褪色的背景中叠加上去的。克利夫随着波普爵士乐曳步起舞，如同幽灵一般。他们唱道："与此同时，人们正濒临死亡，正在放弃希望。"

随后，镜头又切换回街景，画面上出现杜克·布迪、梅勒·梅尔和埃弗丽卡·班巴塔，这三位著名的嘻哈音乐家在街道上唱着："不管你们给了什么，都无法收买我的心灵。"

在最后接近高潮的部分，我们看到了邦妮·雷特。她唱道："是时候肩负起我们的使命了。"博比·沃马克接着唱："为什么我们总是错。"鲍勃·迪伦和杰克逊·布朗之后一起合唱，看起来他俩像是在加州的一个富人区："来到这个新的地方，还欺骗自己说这里是家乡。"蓄着胡子的博诺唱出了最后一句歌词："我们刺伤了我们的兄弟姐妹。"几位音乐家对歌词的倾情演唱将音乐短片的氛围推向了高潮。

在这群音乐家当中，或许有人会对他们当时所表现的音乐风格感到后悔，但所有人都不会后悔参与了《太阳城》的录制。"太阳城"这一名字来源于南非博普塔茨瓦纳的一个旅游胜地。当时，南非政府实行种族隔离制度，称博普塔茨瓦纳是黑人的"家园"。而在录制《太阳城》的时候，大多数艺术家已不再为南非演奏音乐了，但博普塔茨瓦纳的太阳城是一个例外，这里可以招募艺人为种族隔离区的观众进行表演。这样，艺人就不是在为南非演奏，而是在为太阳城演奏。

与利奥·鲁滨逊拒绝为"渣华金伯利"号货轮卸货一样，《太阳城》也唤起了公众对种族隔离制度的觉醒。码头工人拒绝卸货，货船滞留码头，一下子就动摇了种族主义政权背后的经济基础。而《太阳城》音乐短片则是通过揭露太阳城的骗局，让听众看清楚为什么要停止支持种族主义政权。

如果要让全世界来共同消除系统性种族主义，就要首先让全世界人民意识到系统性种族主义的存在。自 1948 年南非政府实施种族隔离制度以来，南非人民一直在进行反抗。1960 年，南非沙佩维尔发生大屠杀，警察向和平抗议者开枪，造成 69 人死亡，180 多人受伤。[2] 这更是成为南非种族主义的铁证。对此，联合国建议切断为南非提供的军事援助，长期孤立这个种族主义国家。[3] 然而，沙佩维尔种族屠杀事件过去了 25 年，种族隔离制度却依然存在。正如在前言中提到的那样，如果撤走对南非的数万亿美元投资，最终可能会对种族隔离制度造成毁灭性打击。要消除种族隔离制度，必须让其他人也都认清南非的这一制度，而这也正是利奥·鲁滨逊和太阳城的艺术家想要让公众看到的。

消除种族主义是本章重点介绍"系统性减法"的典型例子。历史学教授伊布拉姆·肯迪在《如何成为反种族主义者》(*How to Be an Anti-Racist*)一书中就指出："'系统性种族主义'是一个冗余的表述，种族主义本身就有制度性、结构性和系统性。"[4] 消除种族主义实际上就是要改变整个系统。

然而，当你身处种族主义系统之中，无论你是种族主义的支持者还是反对者，都很难发现支撑种族主义的结构。用肯迪的话来说，"我们特别不善于发现那些隐藏在人们艰难斗争背后的政策"。拆除滨海高速公路确实非常困难，但我们知道应该这么做，毕竟事实就摆在面前，因为这条高速公路对城市交通和景观都造成了阻碍。而要清除实现公平道路上的阻碍，仅找出受歧视的区域就需要经过大量的追踪调查。

要对系统做减法，最重要的是看清这一系统本身。我们可能会盲目地增加一些好的东西，而没有理解这些东西之间存在何种关联；但如果想要去除不好的东西，我们首先得发现它，并且认定它确实不好。我们的祖先在最开始建造城市、建立机构或者制定政策时，完全不用考虑之前的城市、机构或者政策是怎样的，但现在我们就有了这种顾虑。这就是为什么肯迪一直强调"要消除种族主义歧视，唯一的方法就是要不断鉴别并描述种族主义"。要发声，而且要经常发声。虽然你没有 Run-DMC 乐队或博诺那样揭露种族主义的平台，虽然你所遭遇的偏执与腐败也不像种族隔离制度那么明目张胆，但反种族主义的这些主要教训还是很关键的。毕竟，要用减法来改善整个系统，我们需要首先看清这一系统。

在对系统进行鉴别和描述的过程中，我们能够认清的不仅仅是种族主义问题。举个例子，石头为什么会掉在地上呢？烟雾又为什么往天上跑呢？亚里士多德曾对他的学生解释说，石头最终会掉到地面上，是因为石头与地面的材质相似；同样，烟雾上升也是由于烟雾的成分与空气相似。但亚里士多德以物体为中心的观察方法并不能解释一些异常现象，比如为什么箭可以飞那么远才落到地面。对此，伽利略提出了力的概念，比如惯性和摩擦力，这些力并不是箭头自身带有的力，而是箭头之外的力。伽利略的科学完成了一个转变，将物体视为动力系统的一部分。

一般来说，系统的构成元素包括物质和思想，以及二者之间的联系及其周围的“场”。这些听起来应该都很熟悉。对于可以通过做加减法改变的情景，我们都是这样描述的。我们之所以觉得系统很复杂，是因为系统元素之间的相互关系让整个系统具有了不可预知性。

我们在中学物理和数学中遇到的大多数问题，都不是以复杂系统的形式呈现出来的。只要知道了钟摆掉落前的高度，我们就能够对其运动做出预测；无论采用哪种方式解决数学问题，正确答案都只有一个。

而我们在现实生活中遇到的大多数问题，无论是装载着南非葡萄酒的船只，还是钢筋混凝土遍布的市中心，抑或是高强度、超负荷的军事训练项目，其背后的系统都极其复杂。仅仅引入一个人作为变量，就会让整个系统变得不可预测。

在我们接受系统不确定性的同时，此前形成的有关减法的认识仍然会发挥根本性的作用。但对于那些内部更加复杂的情况，我们需要特别关注，因为这样的系统不仅引入了更多变量，而且还引入了促成改变的新的力量。如果多种情况相互联系、互为因果，那减法就可能具有更大的潜力。在系统中使用减法，可以让我们做减法的能力得到进一步的提升。

早在 20 世纪初，德国的一些学者就认识到，我们对人类行为的理解可以通过伽利略式的革命来实现。[5] 当时，他们研究的主要问题是：在这个混乱无序且不可预测的世界中，人类如何获得有意义的感知。这种对人类行为进行观察的全新视角，后来被称为“感知”，即德语中所说的“格式塔”（Gestalt）。

当时人们普遍认为，神经元、刺激和条件反射这些离散的单元构成了人类行为，正如亚里士多德以物体为中心的观察方法一样，这些离散的单元解释了诸多人类行为。但与此同时，德国也有一些科学家提出不同的看法，他们想知道，如果将所有人类行为的构成元素都纳入考虑范围，甚至考虑到它们所构成的系统，那这样能否解释更多的人类行为。

伽利略借助与物体本身不相干的惯性和摩擦力两个概念，将实验观察与因果影响联系了起来。提出格式塔理论的学者也在寻找那些能够解释人类行为的无形力量。库尔特·勒温提出的心理效价就是其中的一种无形力量，即一个对象，或凯特·奥尔夫所理解的“词语”本身具有的正面或负面的意义。与此同时，勒温还提出了“场”的概念，我们曾经借用这一概念欣赏了萨凡纳广场，赞美了哈林区的口袋公园。“场”已经逐渐代表了在特定时间内能够影响人类行为的所有力量的总和。

借助“场”和力学的知识，勒温和其他社会科学家将人类行为描述为一个朝着目标前进的需求系统。[6] 比如，从“场”和力学角度考察人类对减法的忽视，也能解释我们团队在实验中的一系列发现；同时，这一角度还考虑了我们对加法的本能选择，比如追求数量、渴望展示自己等。此外，它还对经济和其他财务方面的激励，以及将减少与损失画等号的潜在心理等诸多现象进行了解释。

惯性和摩擦力使伽利略的模型更加准确，而勒温的方法也能更好地解释人类行为。当然，如果你要把所有的因素都考虑进去，预测起来就没有那么轻松了。

忽略的才是更好的

值得庆幸的是，库尔特·勒温对于小事情的预测不感兴趣，他更喜欢推动一些大的事件。勒温出生于波兰的一个犹太家庭，后来到德国接受教育。希特勒上台后，勒温不得不离开德国前往美国。他对社会问题有浓厚的兴趣，并且了解到，如果想理解不可预测的系统，最好的方法就是去尝试改变系统。[7] 他还发现，改变系统的最好方法就是改变其中无形的力量。[8]

其中一个办法是增加新的力量来实现我们的目标。利奥·鲁滨逊和码头工人为反种族隔离组织运送食物和医疗用品；参与《太阳城》音乐短片表演的艺术家将他们的收益捐赠给反种族隔离组织。这些举措就是在增加力量。

然而，无形的力量也可能是种种对我们不利的力量。在这种情况下，只有消除它们，才能让情况得到改善。我们是可以摆脱种族隔离制度的，我们也可以大声疾呼推翻种族主义。

勒温建议消除系统内阻碍进步的无形力量，这与许多伟大的真知灼见一样，其意义也是后来才为人们所认识的。现在，我们通过一个又一个的案例，已经明白了为什么当我们面对障碍时，不会首先想到消除障碍。我们搭积木、完成栅格任务时忽视了减法，而当我们考虑改变系统各种力量时，同样也不太容易会想到减法。

我们团队在研究中也证实了这一点。就像大部分学校一样，我们大学最新的战略规划首先要广泛征求意见，其中就涉及在校学生、教职员工、社区成员、校友，当然包括赞助人。他们都会提出自己的想法和意见，希望能改进大学这个复杂的系统。

亚当斯拿到了对大学战略规划的建议材料。果然不出所料，大家的意见基本上都是在做加法：大家想要增加出国留学的补助金，想要为国际学生开展更多的心理健康服务，想要拥有更多的住宿选择，还想要一个新的冰上运动场。在我看来，大家提出的建议和意见都是向善向好的，我此前都不知道我们学校还有一支冰球队呢。但是，我们肯定还有未开发的潜力，那就是尝试做减法。在大约 750 条建议中，只有不到 10% 的建议做的是减法。

如果做改变时忽略了某个类型的所有选择，其实已经够糟糕了；而如果涉及一个系统，忽略了减法会给我们带来更大的损失，因为忽略的可能才是更好的选择。

对此，丹尼尔 · 卡尼曼是这样说的："勒温的见解是，如果你想做出行为上的改变，有两种方法，一种是好方法，一种是坏方法。好方法就是去减少制约的力量，而不是去增加驱动力量。"[9] 勒温提出的"坏方法"就是做加法，无论是对好的行为增加激励还是对坏的行为加大惩罚，这种加法都会加剧系统内部的紧张程度。比如，为了培养埃兹拉对于平板电脑的自制力，我们向埃兹拉做过承诺，如果他好好看书，不在平板电脑上刷剧，那么就可以奖励他一块饼干。但这样的承诺并不能让他抵制住对平板电脑的诱惑。事实上，一旦没能抵制住诱惑，这样的承诺就会让他更加沮丧。

为了让埃兹拉专心看书，而不是盯着平板电脑，我其实可以选择另一种方法，也就是勒温所说的“好方法”。我可以把平板电脑放在埃兹拉看不到的地方，或者在晚上不经意间把平板电脑的电全部耗尽，这样，埃兹拉白天就玩不了。之所以说这是一个好方法，是因为这个方法使系统内的紧张得到了缓解。

要推翻种族隔离制度也是同样的道理。在其他条件相同的情况下，比起支持反种族隔离组织采取更多措施，不如直接消除种族隔离制度背后的支撑力量。当然，我们也要明白在这种情况下需要加减并施，因为这两种方法都有一个相同的目标，那就是减少直至消除种族主义。只不过加法是在给争取自由的斗士提供更多的弹药，而减法则是用更和缓的方式进行斗争。系统的规模、内部错综复杂的关系，以及各种无形的力量，共同构成了系统的本质，同时也能够让减法发挥更大的威力。

宣扬减法智慧的格式塔学派不止勒温这一位“库尔特”。同为格式塔学派的库尔特·考夫卡一生中和两个女人结了四次婚。其间，考夫卡针对高性能系统说出了我们现在耳熟能详的那句话：“整体大于部分之和。”

考夫卡用一种简单的方式告诉我们，无论对一个复杂系统的各个部分了解多少，我们都无法预测整个系统的变化。然而，这句耳熟能详的话虽然深受体育播音员和励志演说家的喜爱，但它并不是考夫卡的原话，而且对这句话的误传也没有体悟到其中减法的深义。其实，考夫卡的原话是这样说的：

“整体不是部分的机械相加。”

人们用了“大于”这个词让考夫卡感到十分恼怒。他当然知道整体也可能小于部分的总和，对此他澄清过很多遍：“这不是加法的运算。”但他所做的解释并没有起到什么作用。[10]

在复杂系统中，通过减少组成部分来促进整体效能，这种方法并不符合我们的直觉。所以，拆除滨海高速公路之后，交通状况没有恶化，人们对此感到很惊讶。2005 年，韩国拆除了首尔的清溪高速公路后，交通状况得到了改善，这时人们也就没有那么惊讶了。再后来，纽约封闭了百老汇大道时代广场段和先驱广场段的交通，这时，知情的规划人员已经猜到了，封闭周边的道路将有利于拓展出更大的人行空间。

德国数学家迪特里希·布雷斯经常以道路交通为例阐释他的观点。他计算出来，增加道路系统的通行能力有时候反而会导致整个路网的整体运行水平下降。正如考夫卡认识到的那样，整体不是部分的机械相加。在道路系统中，布雷斯的数学运算之所以能够发挥作用，是因为一条线路是否比另一条更可取，不仅取决于道路的通行能力，还取决于道路上的交通密度，而交通密度又取决于驾驶员的复杂行为。[11]

新建一条道路或是拆除一条高速公路之后，驾驶员就会试图制定最优的行驶路线，直到他们认为其他驾驶员已经找到了最好的路线，他们才会停止对路线进行优化，只要跟着大家走相同的路线就行了。这种达成满意度后的新平衡可能就代表着道路整体运行能力的提升或者下降。首尔的交通状况得以改善，并不是因为系统从一种最优的状况变为另一种最优的状况，而是因为道路拆除后，碰巧将人们从次优的状况带入了更优的状况。拆除道路也可能会让状况变得更糟，但基本上也是在掷色子，而不可能只是做加法。

布雷斯和考夫卡“减法带来改善”的智慧并不仅仅体现在道路和交通系统中[12]，还存在于电网[13]和生物系统[14]中，甚至在我大学足球联赛的大四赛季中也有所体现。

那时，我们足球队的状况亟待改变。虽然我们大部分球员都是上一年联赛冠军球队的队员，而且还多了一年的经验，但是在由 4 支球队构成的联盟锦标赛中，我们仅仅以第四名的身份打入了比赛。想要赢得锦标赛，这场我们眼中的世界杯，我们首先要在对方主场上击败头号种子球队，而这支球队在本赛季早些时候曾在主场击败了我们。接下来，我们还得打败另外两支球队，这两支球队也都在最近客场击败了我们。

整个赛季，我们的多位教练想尽一切办法让我们摆脱恐惧。教练们对球员的位置做了重新调整，用一年级新生取代了有些自满的高年级球员。教练对球员呼来唤去，却又宠爱有加；他们既对球员下达各种指令，也听取球员的意见。现在，赛前只有几场训练了，所以我们都拼尽全力地拿出了最好的表现，而我们的教练也似乎把所有的手段都用尽了。

你可能已经猜到了，教练在最后几场训练中领悟到的方法就是减法。在最后几次训练中，我们都只上场 9 名球员，即从 11 名球员的队伍中减去了两人。减法打破了我们球队一直以来的次优平衡状态。直到我们 9 名球员完全适应了比赛之后，教练又重新增加了两名球员。这样，我们的球队就成为一个改造后的系统。转型之后的球队水平比之前整整一年都要好，最后的结果你可能也已经猜到了，我们赢得了联盟锦标赛。[15]

搭乐高积木时，我们不想拿掉搭好的积木；写文章时，我们不想删除多余的单词；完成栅格任务时，我们也不想移除网格上的任何一个方框。一个系统就算有问题，我们也不想把里面的东西清除。我们这样做是很难想象的，甚至连库尔特·考夫卡都无法理解。迪特里希·布雷斯用基础数学方法证明了减法可以改善系统，这一发现被称为“布雷斯悖论”，似乎这是一个无法理解的异常现象。

拥抱复杂，追求本质

在说急诊室的事例之前，我已经不再仅仅对球队这一个系统感兴趣了，我还得参与大型建筑的设计与施工。也就是在这段时间，我形成了自己的观点，觉得认识到系统的复杂性从技术层面来说是没有问题的，但这种认识会使我们的关注焦点出现偏差。

我曾经参与了一个项目，在新泽西州纽瓦克以南的伊丽莎白市修建一所学校。[16]现在，这所学校的课程从学前班开设到了八年级，招收了好几百名学生。这所学校属于新泽西州全州计划的一部分，旨在为长期被忽视的社区提供急需的升级服务。教学楼有三层，楼下有地下停车场。学校有几十间教室、一个体育馆和一个餐厅。校外有一个操场，还有一个专用车道供家长和公共汽车停车；此外还有安全门和围栏。

我觉得自己为修建这所学校出了力，但我哥哥总喜欢反驳我，说我其实并没有“做”什么实事。为什么我俩看法不一致呢？因为我所在的公司并不是直接建造学校的施工方，而我的工作也和建造学校没有直接的关联，我们主要负责处理学校建造过程中遇到的各种错综复杂的问题。

为了在伊丽莎白市修建这样一所普通的学校，我们首先要选择各种材料，然后进行采购，最后将这成百上千种材料组装起来。即使像厕所把手这样的小物件，建筑师和工程师也必须明确材料的外观和性能。而像我这样的工作人员，除了为承包商工作，还会检查承包商提供的材料规格，然后再发给厕所把手供应商。有意寻求合作的供应商则会主动向承包商提供大量信息，向他们推荐最值得购买的厕所把手。他们提供的信息可能长达数百页，里面配有精美的照片、书面说明、产品数据、安装示意图和价格，以及来自独立测试机构的检测报告，证明其符合规格要求。然后，承包商在一堆把手中进行评估，把最喜欢的样式挑出来交给设计师。有时候，在主承包商和供应商之间，会有一两个分包商进行审核，然后由建筑师和工程师复审——建筑师确定把手外观是否合适，工程师则确保把手是否能够正常使用。如果要在教师卫生间安装把手，聪明的设计师就会咨询教师代表的意见，以免他们对把手的设计不满意而引起矛盾。在以上程序都通过之后，建筑师才会批准交上去的方案，他也有可能要求承包商提供更多的信息，或者直接让承包商重新提交方案。

这样一个系统包含了如此多的活动、信息和关系，其复杂程度已经让我们眼花缭乱，而这还仅仅只是一个厕所把手。修建一所学校需要那么多的材料，这个过程得重复成千上万次。

获取材料的过程的确很复杂，我的一个想法是雇一些刚毕业的大学生来做过程追踪。我查看了建筑师所需各种材料的规格，并列出了材料清单，让毕业生追踪每个环节的进程。随着项目的推进，我就能知道哪些材料的需求已经报给了供应商，哪些发给了建筑师，哪些已经获得了批准。对刚毕业的大学生来说，这份工作会激励他们要么努力工作，争取晋升，要么考虑读研。

挑选材料和采购材料的过程非常复杂，而如何把这些材料在规定时间内安全地组装搭建起来也是一个复杂的过程。为了修建这所学校，无数人参与其中，他们通过各种不同的方式投入这一项目。这个群体具有各自的专长，怀着不同的目标，既包括建筑师、工程师和承包商，也包括即将使用这所学校的学生、教师和教学行政人员，还包括以后将对教学楼进行管理和维护的管理者和工程师，以及批准这些计划和在支票上签字的行政人员和州政府官员。如果你觉得这还不够，那你还得明白，我们这栋三层楼的建筑，就像大多数项目一样，也只是整个学校建设规划的一部分。[17] 除此之外，我们还必须考虑资金预算和工程周期，即将学校项目与其他项目、项目资金承诺以及相关政策结合起来加以考虑。例如，大力推行铬制厕所把手的校长是否应该被重新加以任命。对于项目的具体方面，其他每个人都了解得比我深，我能做的就是帮助他们更好地融入整个系统。

花费了数千个小时，只为了演绎系统的复杂性，这让我感到有些疲倦。不过只要你认识到这一点，我们就可以着手寻找系统的本质了。系统的本质就是具有复杂性，这是构成一个系统不可或缺的基石。比说，生物进化所带来的复杂性都是由 DNA（脱氧核糖核酸）的遗传密码子构建而成，代表核糖核苷酸的四种碱基，每三个组合在一起就形成一个密码子。复杂的遗传密码就是生物的本质。

关键是，在系统中寻找本质并不是一个分类问题。就像我把大量施工文件按照功能分类，厕所把手就在标准格式的第 224000 项。对项目材料进行细分，确实可以更方便地获取细节信息，而且更容易理解。

然而，我最终的工作是了解材料供应如何影响施工进度。因此，我不能简单地把管道设备划分为更细的类别，我需要查看所有细分成小类的材料。而当我把这些材料的详细列表综合到一起之后，我不是又回到原点了吗？信息太多，把系统分得太细，部分之间许多重要联系就被切断了。工作安排得越细，分工就越容易出现脱节，这反倒会增加我的工作量。我只是简单地分割了一下手头的工作，但一点儿没看出这样做的意义在哪里。

建筑施工包含了无数的环节和关系，还可能需要对建筑物进行加固。做决定时如果要把所有这些因素都考虑进去，那肯定是没法把事情办好的。

为了早日建成伊丽莎白市的那所学校，建筑监理所做的要比我多得多。当然，监理也得到了相应的报酬。他从来不看我提交的材料清单，也不看完整的施工进度安排，相反，他自己有一份简单的清单，有时是从破旧的牛仔裤口袋里掏出纸来潦草地写一下，而更多的时候只是记在了他的大脑里。对建筑监理来说，他花几十年的工夫整理出来的清单，比起我列的清单更有价值。但他的清单上面其实只列有对项目进展至关重要的少数材料和施工环节，这是我在大学的工程学课程，或者足球队的训练课上学不到的。也就是说，要对复杂系统做决策，精简的清单比面面俱到更有效。

要理解为什么清单越简单越好，我们首先需要了解工作记忆。我们的工作记忆是暂时储存那些有待处理的信息的认知系统。换句话说，工作记忆储存的就是我们可以迅速付诸行动的想法，无论是一所未建成的学校、一种栅格图案，还是一艘装载着来自南非货物的货轮。

我们不可能既拥有一个系统的所有细节信息，还要想着利用这些信息。长期以来，信息细节和实用性之间的矛盾为人们提供了想象的来源。英国作家路易斯·卡罗尔和西班牙作家豪尔赫·路易斯·博尔赫斯都曾想过要绘制一幅完美的地图。[18] 他们想要在上面呈现出所有复杂的系统，因此不断地往这张想象的地图上添加各种细节。最终，两幅地图都完美地将他们各自的帝国呈现了出来。照博尔赫斯的说法，地图大得把太阳都遮住了。[19]

这些作家通过故事不断探索着细节的局限。心理学家乔治 · 米勒通过实验证明，我们的工作记忆早在建立全尺寸的地图之前就已经达到了极限。[20]

“我的问题，是我被一个整数困扰。”这是一篇学术论文的开头，但看起来并不像是论文的开头，尤其还是发表于 1956 年。但米勒这篇研究工作记忆极限的论文就是这样开头的。在论文中，他谈到困扰着他的整数是 7（±2）。对此，人们通常是这样理解的：7 是我们可以同时思考并应用的准确数字。但我们现在也不必纠结于这个数字，因为自米勒的研究以来，我们对于工作记忆又有了新的认识，这也是米勒所希望的。[21] 但米勒发现，我们的工作记忆其实非常有限，能容纳的事情通常都不会超过 7 件，这一发现已经得到了无数事实的验证。[22]

这就意味着，遇到复杂系统，我们要尽量避免超过工作记忆的负荷。一份含有上千件物品的清单，熟记南非法律条文，或许在进行法律诉讼时用得上。但如果我们既要记忆又要运用这些信息，这些信息就会变成一幅全尺寸的地图，大得可以遮住太阳。为了改变系统，我们需要找到系统的本质，这就意味着我们需要删去细节。

现在的问题就是：留下什么，又要删除什么？

我阅读了我能找到的所有关于系统科学的资料，也关注到了这一学科的领军人物德内拉 · 梅多斯。梅多斯当时在麻省理工学院的一个研究团队里，并率先开展了针对复杂系统的研究。梅多斯的团队就像想要绘制完美地图的完美主义者那样，详细地构筑了整个世界的模型，并将人类的经济生产、污染和不可再生资源的使用等变量叠加至地球的各个系统中。梅多斯有 30 多年都在达特茅斯学院从事复杂系统的教学和写作工作。她也一直在寻求系统的本质，并与人们分享自己的观点。她对复杂系统有深入的研究，能用简单的语言解释复杂的系统，这也是她的著作《系统之美：决策者的系统思考》能够经久不衰的原因。[23]

《系统之美》一书强调要找到系统的目标。正如梅多斯所说，问一问“系统要实现什么”，我们就能发现系统的目标是什么。

这个问题其实也简单，但我们要么忘记了问这个问题，要么就是没怎么关注，以至我们常常设定了错误的目标。我从来没有想过为什么要追踪方案提交的过程，可能是为了了解材料如何影响整个项目进度。如果我分析了这个目标，那可能对每一件材料都做细节整理的做法也不会感到满意，我还可能会更接近建筑监理的智慧。他口袋里的那张纸才是我们真正需要的知识。在有了自己的优先事项清单之后，我就可以评估自己的选择，到底应该用我有限的时间和社会资本说服建筑师批准厕所把手，还是让建筑师自己去完成钢结构的工作。

我并不是说从细节中可以很容易地获取系统的本质。如果我们展示能力的天性在新建文件夹和撰写哈佛论文时都能发挥出来，那么在修建学校时肯定也会有所体现。

如果系统越复杂，做减法的难度就越大，那么做完减法后的收获也就越大。减少不必要的细节正体现了我们干预系统的方式与着力点。抛开那些细节之后，我们才能明白最重要的是要认清种族隔离制度；我们也意识到，一艘搁置的货轮，以及群星演唱都有助于让人们了解种族隔离制度；我们还意识到，识别和描述种族主义是消除种族隔离制度的第一步。现在，我们正在积聚改变整个种族主义系统的力量。

删去细节，把握本质

我的姐姐凯莉是急诊科医生，经常要面对复杂的人体系统。无论是窒息的幼儿、胰岛素分泌不足的糖尿病患者，还是患有髋关节疼痛的老奶奶，在凯莉眼里，每一个新收患者的病例都是独一无二的，而且是不可预测的。幸运的是，她在医学院学习了多年，同时利用海滩度假的时间积累了许多医学知识，这使她能够更好地帮助患者。

面对每一例新的病例，凯莉不仅需要从她睡眠不足的大脑中调取医疗专业知识，还需要将知识应用到眼前的患者身上。同样的症状在不同患者身上可能需要完全不同的治疗方案。比如，第一次因过量饮酒而昏迷不醒的青少年，与一年内数次因昏迷而上医院的 50 岁中年人，二者接受的治疗方案就截然不同。

凯莉经常同时面对多名患者。如果你割破了手指需要医生缝合，不管你已经等了多长时间，但如果有人心脏病发作被推了进来，你就得再等一段时间（当然，如果你出现了新的情况则另当别论）。凯莉不仅需要考虑每一名患者的情况，也需要考虑该患者相对于其他患者的情况。

凯莉需要了解所有这些，也就是说她需要看到这个“场”。如果两名患者需要做手术，而只有一位麻醉师在上班，凯莉就必须决定哪个手术更紧迫，哪个手术可以等院外待命的麻醉师来了之后再做。我敢打赌，凯莉甚至知道值班麻醉师住在哪儿，以及他们上班途中的交通状况如何。

我继续说凯莉，但我想你已经明白了我要说的点。她面对的就是一个庞大的系统，这个系统无法预测，有无限变化的可能，但她没有时间把握所有的这些变化，因为不一定哪个患者的病情正在不断恶化。这么多的变量，凯莉却能够利用过硬的本领熟练地处理。她首先对患者进行分诊，确定患者需要接受什么样的治疗。所有接受过正规培训的急诊科医生都会遵循分诊流程，按照这个流程，急诊科医生可能得考虑如下几个问题[24]：

> 需要对该患者立刻实施救生干预吗？（不容等待吗？）
>
> 该患者需要占用多少医疗资源？
>
> 该患者生命体征如何？

所以，分诊流程就是剥开那些细节和表象以找到本质，这能帮助凯莉提高诊治效率。

凯莉曾就读于美国约翰斯·霍普金斯大学医学院。在学校里，有一位名叫彼得·普罗诺沃斯特的年轻医生。这名医生在课上以中心静脉导管为例，让同学们看到了删减细节是如何挽救生命的。[25] 中心静脉导管是一种细的塑料导管，置放于静脉中以便抽血、输液和给药。普罗诺沃斯特希望能改进这种导管在治疗过程中的使用方式。

优化导管的使用方式听起来并不像心脏移植或精确取出脑部肿瘤那样惊心动魄。凯莉小时候看的那些医疗剧里，没有哪一部讲的是与导管插入有关的故事。但普罗诺沃斯特知道，在美国，每年差不多有 3 万人因导管感染而死亡，这一人数与交通事故导致的死亡人数大致相当。[26]

置管有几十个步骤，每一个步骤都需要认真思考，仔细判断，还要求医生具备相关的临床技能。[27] 患者要进行麻醉，置管要防止气体栓塞，还要拍 X 光片确认导管置放的位置正确。为 10 岁的脱水儿童置管，方法与为患有脑震荡的进攻型橄榄球队员置管有很大的不同。在一本医学期刊上，一份关于置放中心静脉导管指南的综述就长达 35 页。[28] 这篇综述以其他期刊中数几千页的文献、专家意见及临床数据为基础，将大量的信息整合在了一起。

为防止感染，普罗诺沃斯特和他的团队充分考虑了其中的复杂性和其他因素，然后给医务人员提供了以下建议：用肥皂洗手；用消毒剂清洁病人皮肤；用无菌纱布包裹患者的整个身体；佩戴无菌口罩；穿戴帽子、防护服和手套；在导管部位敷上无菌敷料。

这些步骤操作都很简单，但效果却出奇的好。在约翰斯 · 霍普金斯大学医院，以及早期采用的一些州，如密歇根州和罗得岛州等，当地医生遵循这些步骤之后，完全消除了置管感染的情况。[29] 这一方法依靠的就是删去细节，把握本质。通过这一方法的运用，各家医院已经拯救了成千上万人的生命。

当然，我们也不能完全忽略细节。普罗诺沃斯特和他的团队知道，每年会发生 100 多起手术火灾，甚至会有患者因火灾死亡。[30] 这些手术火灾的发生，是因为置管检查项中没有消除火灾风险的内容。如果我们增加这样一项检查内容，或许会减少一两次火灾，但也会让项目清单更长，从而又增加了感染的风险。

我对急诊室的分诊流程完全外行，这对我来说是个人命关天的“懒人简省”。凯莉的大学成绩全是 A，在医学院学习了 4 年，通过了一系列标准化考试，又当了三年的住院医师，与经验丰富的急诊室医生一起学习和工作。[31] 现在，她的大部分工作时间都是在急诊室度过的。下班之后，她有很多时间也是想着急诊室的事情。

看得出来，凯莉的临床技能都是从简单的步骤一步一步积累起来的。你得到的治疗，还有你在候诊室里等待的时间，都取决于她过硬的专业知识和天生的理解能力。但通过删减细节，分诊流程可以帮助急诊室医生专注于工作中最本质的内容。一旦他们有了精确的理解，就可以继续探索减法是否可以改进系统本身。

减法清单：少即是多

此时，我们应该有了一份清晰的减法清单。从一开始发现减法在系统中的作用，再到使用减法改变系统，减法清单可以一直保存在我们的工作记忆中。有很多方法帮助我们发现与分享减法，其中这份减法清单可以帮助我们记住使用减法的基本步骤。

在试图改变系统之前，先删去细节，就像急诊室分诊那样，这肯定是减法清单中的首要任务；然后以减法促成质的飞跃，就像斯普林斯汀的“武士唱片”那样。另外两个步骤是先做减法，再对减下来的东西进行再利用。要记住这些步骤，我们可以先来研究一下叠叠乐和甜甜圈。

叠叠乐积木游戏的技术含量很低，就像国际象棋和纸牌一样，似乎是一种很古老的游戏。但事实上，叠叠乐起源于 20 世纪 80 年代中期，由莱斯利 · 斯科特从加纳引入英国，然后再传到世界各地。[32] 后来，莱斯利 · 斯科特也成为一系列玩具的发明者。是的，在开发玩具的历史上，人类产生消除砖块的想法差不多就是从开发出俄罗斯方块那时开始的。

玩叠叠乐时，要先把积木块搭成一座稳固的积木塔，每层三块积木，方向与下一层的三块积木相垂直。玩家每次轮流抽走一块积木，然后把它放在积木塔的顶层。随着积木塔越搭越高，这座塔也越来越不稳定，玩家很难在不把塔弄倒的情况下完成自己的任务。在叠叠乐积木游戏中，将积木塔弄倒了的玩家算输，其他人则觉得自己是赢家。

乐高积木和叠叠乐都满足了埃兹拉的搭建欲望。[33] 但两种不同的游戏规则形成了完全不同的游戏走向。[34] 玩乐高积木时，埃兹拉会先按照说明把积木组装起来，然后再抱着组装好的积木玩儿一个小时。

但不管埃兹拉组装的成品是什么，玩过之后他都会直接把积木丢在地板上，弄得我们新增房屋的地板上到处都是。通常在一周之内，埃兹拉的积木就能堆满整个房间，让人找不到地儿落脚。每到这时，埃兹拉就想能不能把最近搭建的积木一直放在窗台上展示，或者能不能把搭建好的积木放到乐高积木桌子底下的抽屉里，这样他就可以腾出空间搭更多的积木。现在，他又在为购买下一套乐高积木找理由了。

乐高鼓励无止境地添加积木。如果当爸爸的很支持这一做法，那增加就更无止境了。

而在叠叠乐游戏中，游戏规则是从下层抽出一块积木并放至塔顶，这就迫使我们首先做减法。当然，像搭积木那样做加法的方式对商业发展来说是有好处的；而叠叠乐要求我们先做减法，从商业角度讲也是能够让我们获益的。莱斯利·斯科特设计的这套游戏，因其新颖的减法规则而获得了版权保护，销售量达到了一亿套。

这些玩具让我们明白，先做减法会增强改变的效果。不仅仅是玩具，项目管理专业教科书也提醒学生和教授：若发生一系列变化，早期的结果变成了后期的条件，那么早期的变化往往更具影响力，需要付出的代价也更低。[35] 对厕所把手而言，在早期设计中发现问题，总比安装好后才发现缺陷要好。手术前洗手，可以使置入体内的导管保持清洁，从而避免感染；而手术前如果不洗手，则容易导致感染。比起感染后再行治疗，一开始就做好防护措施能够挽救更多的生命，付出更少的代价。同样的道理，一开始先做减法，则会让我们从以前的老路走向带来更多收获的新路。

因此，找到你想要改变的系统本质以后，你可以像玩叠叠乐那样，试着先减去一点，再减去一点，让“少”凸显出来，实现质的变化。最后一点也很重要，那就是你还可以对删除的东西进行重复利用。

在做减法的过程中，把减下来的那部分进行再利用，甜甜圈中间的空洞就深刻地体现了这样一个道理。刚开始的甜甜圈是一整块儿实心的食物，后来才出现像安娜·凯奇琳的空心砖那样的空洞。人们花了很长时间才意识到，把面团的中心去掉，使其受热均匀，能够改善这种油炸面团的口感。关于甜甜圈这一创新的详细记载可以追溯到1847年，讲述的是缅因州一个名叫汉森·格雷戈里的少年。[36]小汉森问妈妈，炸出来的糕点为什么四周熟了而中间还没熟，妈妈也不知道原因。于是，少年拿叉子在几个生面团上戳了几下，戳去了面团中间的部分，留出了一个空洞。然后，他再让妈妈炸这些面团。从此以后，甜甜圈就有了中间的空洞。

把甜甜圈中心的那块面团去掉，可以让甜甜圈受热更均匀，剩下的部分就能炸熟；同时，去除中间部分后甜甜圈的表面积更大，可以撒上更多的肉桂糖粉，这就真正体现了“少即是多”。自那以后，便进入甜甜圈大行其道的时代，这完全不足为奇。在1934年的世界博览会上，人们将甜甜圈誉为“发展的世纪最受欢迎的食品”。差不多同一时期，纽约市的一家面包店发展成为第一家甜甜圈连锁店，名叫“五月花甜甜圈”。他们将乐天派的信条贴在甜甜圈的包装盒上：“兄弟，你在世间走这么一遭，无论给自己定了什么样的目标，盯着你的甜甜圈，不要整天盯着那个空洞。”汉森·格雷戈里对甜甜圈进行创新之后，人们也都是这么做的，大家的关注点始终都在甜甜圈本身，而不是缺失的那个空洞。

差不多过了一个多世纪，那个一开始只具有功能性价值的空洞终于又有了商业价值。我们知道，甜甜圈中间被挖出来的这部分本身也很美味，有很大的吸引力。[37]无论你喜欢的是唐恩都乐（Dunkin' Donuts）的甜甜球，还是蒂姆霍顿（Tim Hortons）的甜甜球，它们的成功都说明了重复利用可以带来另一笔可观的收入。

重复利用我们此前删除的部分，可以把减法的优势发挥到极致。我们做加法可以改善一个系统，但如果做的是减法，我们不仅可以得到更加完善的系统，还能使整个系统得到更新，而且删除的东西说不定还可以另作他用。无论对于甜甜圈还是其他事物，概莫如此。加州从实施种族隔离制度的南非政府撤出了110亿美元，这110亿美元就可以投资到其他地方。删除的内容可能会阻碍系统的发展，但并不意味着它不能在其他地方发挥作用。

就像急诊室的医生一样，我们现在也有了一份减法清单，这就为我们采取行动和适应环境提供了空间。

- 在改进系统前删减细节（例如，患者分诊）；
- 先做减法（例如，叠叠乐）；
- 坚持让“少”看得见，实现质的飞跃（例如，斯普林斯汀的专辑《城市边缘的黑暗》）；
- 重复利用删除的内容（例如，甜甜圈洞）。

上述 4 个步骤可以帮助我们提升专业技能。工作时，我们可以把这些步骤保存在工作记忆中，这就是我们的减法清单。

你会注意到，以上 4 点并不是本章的全部要点。拍摄《太阳城》音乐短片的艺术家提醒我们，我们要首先看清需要做减法的系统；勒温告诉我们，消除障碍是改变系统的好方法；还有考夫卡，他坚持认为改变一个系统靠的“不仅仅是加法运算规则”。当然，以上 4 点也不是对本书前六章内容的全部总结。就像凯莉用她的专业知识在急诊室分诊一样，我们也要对照自己的减法清单，将减法技能运用起来。

所以，让我们多运用这些新的工具吧。正如我们接下来将要读到的那样，做减法是一件很迫切的事情。因为人类的行为，包括对减法的忽视这一行为具有强大的力量，这种力量正在改变支持我们所有生命的复杂系统——地球。

第七章
“更少”的遗产：人类世的减法

用更少的资源做更多事情

在新地质时代——人类世，我们人类这一物种已经前所未有地成为地球的主导力量。[1]我们是终极“场”里最强大的力量。

地球环境是一个极其复杂的系统，这意味着我们需要了解其本质。让我们从一段故事的梗概说起吧。

如果你没怎么看过童书，又没看过由下面这本书改编的电影，那么我可以稍微介绍一下苏斯博士的《老雷斯的故事》[2]：

> 文斯勒是一个富有进取心的年轻人。他走进一座山谷，那里的动物麇集，松露树郁郁葱葱，明亮温和的色彩从松露树卷曲的树叶间流溢而出。有一次，他砍倒了一棵松露树，把丝一般的树叶摘下来织成了衣服。他把这种衣服称为“丝呢衣”。故事的主角是身形像海狸、留着海象胡子的老雷斯，他的职责是“为树木

说话”。老雷斯斥责文斯勒砍伐松露树，而文斯勒却说，这里有一大片松露林呢。故事继续进行，老雷斯最害怕的事情还是发生了，文斯勒也得到了教训。丝呢衣渐渐成为一种时尚潮流，文斯勒也开始扩大生产规模。他建了一座工厂，砍伐了越来越多的松露树，并且砍伐速度越来越快，曾经充满活力的山谷变成了被污染的荒地。老雷斯提起自己的尾巴飞走了。没有了松露树，文斯勒再也不能生产丝呢衣了，他关闭了工厂，余生都躲在自己店铺的阁楼里，反思哪里出了问题，如何才能弥补。

苏斯通过这种诙谐的剧情表明了人们是依赖环境而生存的。这个故事也让我意识到，必须要教会孩子一些东西，一些我原本没想这么早就教给他的东西。埃兹拉 4 岁的时候，他担心自己的衣服来自一家像文斯勒那样的工厂。在《老雷斯的故事》里，文斯勒的工厂冒着“浓浓的烟雾”，以至天鹅再也不能唱歌了；工厂还把一种叫“咕噜咕噜”的液体排进了哼哼鱼栖息的河里。我向埃兹拉保证，《老雷斯的故事》出版以后，人们已经找到了制作衣服的方法，既不会向空气中排放那么多令人窒息的烟雾，也不会直接向河里倾倒那么多废物。我骄傲地对他说，一些富有创造力的人，包括英特飞地毯公司（Interface）的已故首席执行官雷·安德森，已经改善了生产环境，使排出的水比流入的水污染更小。[3]

但我还是有些惭愧地解释说，现在总的情况是，人类活动对我们环境的影响更大了。我告诉埃兹拉，即便是丝呢衣工厂以外的地方，也受到了人类燃烧化石燃料的影响。

为了不让儿子对成年人产生鄙夷，我解释道，这些燃料产生的能量就像农业释放出的生产力一样，让更多的人过上了更好的生活，甚至比历史上任何时代的生活都要好。我又解释说，在过去很长一段时间里，我们享受着化石燃料带来的好处，却并不知道它们释放的二氧化碳会对全球环境造成如此巨大的压力。但现在我们知道了。

我告诉埃兹拉，虽然大气中温室气体的增加不会立即让天鹅送命，但过多的温室气体正在改变着环境，这种改变超出了许多物种的适应能力。在 40 万年的时间里，大气中二氧化碳的浓度一直在 180~280ppm（百万分比浓度）之间。[4] 当杜鲁门使用首语反复的修辞发表演讲时，也就是在人类开始使用化石燃料的大约一个世纪后，大气中二氧化碳浓度已经上升到 310ppm。[5] 虽然超出了历史范围，但科学家相信，只要低于 350ppm 就是安全的，就不会发生最具破坏性的环境变化。然后便是 70 多年崇尚“多即是好”的时代，人类通过燃烧化石燃料为这种理念提供了动力。我和埃兹拉谈话时，我们大气中二氧化碳的浓度是 413ppm，并且还在继续上升。[6]

我儿子不爱听那些了无生气的历史数据，即使没有那些枯燥的数字他也不爱听。于是，我又开始给他讲气候变化对人类的危害。我告诉他，变化并不是问题所在，地球上的物种总在四处迁徙，以寻找适宜生存的环境。比如，老雷斯就飞过烟雾，飞出了松露谷。我们的祖先为了躲避寒冷迁徙到南方，并发现了猛犸象，也许他们的生活最后变得更美好了呢。所以稍微动一下也没什么不好。

我说，现在的不同之处在于，我们不仅在让松露谷冒烟，也在改变整个地球。而且这种改变的速度，已经超过了我们以及我们所依赖的生态系统所能承受的速度。我告诉埃兹拉，冰川正在融化，风暴和干旱更加严重，岛屿和沿海城市正在遭受冲击，甚至被上升的海平面淹没。当我的解释完全变成说教模式时，他打断了我，说："我已经知道啦。"

原来，他在幼儿园就学过有关气候变化的知识。我不知道埃兹拉的幼儿园老师有没有告诉他世界卫生组织的评估结果。在埃兹拉渐渐长大的过程中，气候变化将导致每年大约 25 万人死于中暑、营养不良和疟疾。[7] 我希望他们没有告诉埃兹拉，25 万只是一个保守估计，这还不包括那些与气候变化间接相关的死亡人数，比如农业减产和人口迁移。[8]

每年死亡的 25 万人中并不包括 3 岁的艾伦·库尔迪，他的形象让我想起了午睡的埃兹拉，脸朝下，学步鞋鞋跟朝上。不过库尔迪并不是在打盹，他是在地中海溺亡了，然后被冲到海滩上，人们拍下了他的照片。[9] 因为叙利亚内战，库尔迪在他短暂的一生中不停地迁移，以寻找能够居住的地方。气候变化加剧了干旱，而干旱则加速了社会解体。[10]

我没有告诉儿子这些数据和库尔迪的故事，而是让苏斯博士来启发他，让他明白为什么环境和人类是不可分割的。正如苏斯博士解释的那样，文斯勒砍伐松露树的行为引发了连锁反应，使整个山谷都变得无法居住。不仅是那些天鹅和棕色的巴巴熊，对文斯勒的朋友和家人来说也是如此。文斯勒是整个松露谷的主导力量，埃兹拉和他的人类同胞则是我们星球的主导力量。听罢，他决定与同学分享“人类世”这个正式术语。

当埃兹拉得知他自己也会将这一状况延续下去时，他似乎很难过。所以，我以一种更积极的视角来重新定义“人类世”：人类是第一个有能力将地球变得更好的物种，而埃兹拉也是其中一员。正如文斯勒最终认识到的那样，问题在于我们该如何引导这种力量。

当苏斯博士将人类与环境之间的联系用诗歌表达出来时，德内拉·梅多斯正在建立计算机模型，以便对这些联系展开研究。梅多斯和她麻省理工学院的团队收集了所有他们能找到的信息并建立了模型，这些信息涵盖了地球上人类的生活轨迹，以及环境是如何为这些生活轨迹提供支持的。

1972 年，梅多斯和她的团队在一本论著中分享了他们的发现。这本论著成为有史以来最具影响力的非虚构类图书之一，销量估计超过 3000 万册。[11] 书名是对他们研究成果的高度概括，叫作《增长的极限》。[12]

文斯勒对老雷斯说：“我正在努力扩大规模、扩大规模、扩大规模。”《增长的极限》则指出，这种态度是问题的症结所在。增加固然是好的，增加使我们过得比以前的皇室都要好。我有两个孩子，但如果没有现代医学，他们根本就不会存在于这个世界上。他们住在冬暖夏凉的房子里，世界上的知识对他们来说触手可及。当然，无论是现在还是将来，我们都应该为尽可能多的人改善生活体验，或者就像自然资源保护者所说的那样："在最长的时间内，为最多的人带来最大的利益。"[13]

假设这种让绝大多数人享有最大利益的愿望一直存在，我们实现这一愿望的途径就必须加以改进。仅仅买更少的丝呢衣是不够的，我们也不可能像老雷斯那样飞出烟雾，那我们该怎么办呢？

尽管人们的出发点都是好的，但对待这一问题的态度还是出现了两极分化。一部分想改善人类世的人站在老雷斯一边。他们认为要进行限制，理由就是：在一个有限的星球上，无限增长是不可能的。他们引经据典，来证明我们的地球对人类生命的承载能力是有限的。他们指出，大气中二氧化碳的含量已经达到了413ppm，说明快要超过地球生命存活的安全范围了。[14]钟爱数据的"老雷斯"们可能会注意到，我们的经济增长率与我们使用化石燃料的多少大致吻合，而使用化石燃料的多少又与我们向大气中排放的二氧化碳量吻合。考虑到GDP（国内生产总值）与有害排放之间的直接关系，他们甚至主张，只有限制经济增长，才能停止人类对地球的掠夺。[15]

另一部分人则站在文斯勒一边。需要明确的是，这些新一代"文斯勒"并不是气候变化的投机者。他们不是开采化石燃料的亿万富翁，也不是由亿万富翁收买来宣传气候科学不实的媒体大亨，更不是那些可以获得既得利益的机构和官员，想合谋对气候这一公共资源进行剥削。[16]就像对待种族主义那样，对于气候行动的重重阻碍，我们需要不断地对其进行描述和识别，以便能够彻底地消除这些阻碍。我们这里所说的文斯勒，还不是那些对环境漠不关心的人。照苏斯博士的观点，文斯勒一开始并不是故意想造成那样的破坏，他没有拿着挣得的利润逃离他制造出来的荒地，他一直待在那里，待在店铺的阁楼上，保护着最后一颗松露种子，他是“真的为这颗种子感到担忧”。

就像新一代的老雷斯那样，新一代的文斯勒有着良好的意图和合乎逻辑的科学论证，他们代表着科学创新和努力奋进的历史。人类已经找到用更少的资源做更多事情的方法，甚至将环境承载能力扩展到人类预测的极限之外。英特飞的首席执行官雷·安德森创办了一家净水工厂，他是一位搞企业的“文斯勒”；“TED 之星”和《事实》一书的作者汉斯·罗斯林用塔夫特式的图表描绘了全球的进步，他是一位求发展的“文斯勒”[17]；环境保护署的莉萨·杰克逊则是一位立法的“文斯勒”。他们三位都尊重发展的极限，但又不为这一极限所束缚；他们都持有一个相同的理念，那就是：我们将继续发展，并利用发展的收益来解决发展过程中的资源问题。

在《老雷斯的故事》出版近半个世纪之后，即便是最有思想的个体和群体，也与老雷斯和文斯勒相去甚远。[18] 但为了改善人类世的状况，我们需要最好的老雷斯和文斯勒，但这样的人似乎太少了。

做减法有助于缩小这一差距。的确，在一个有限的星球上，若持续发展所依赖的资源越来越少（如可耕种的土地、水和化石燃料），这种发展必然会崩溃，这一点“老雷斯”们是对的。但如果发展过程中做的是减法，崩溃或许是可以避免的。

凯特·奥尔夫有着文斯勒式的自我。她乐于运用科学技术，认为变化是积极的，她也相信自己大胆的想法可以改变庞大的环境体系。

而奥尔夫在列克星敦去除既有的基础设施之后实现的突破，则需要她以一种反直觉的方式来体现文斯勒式的自我。她认识到事物的局限性，就像《老雷斯的故事》里讲的那样，于是便开始创造新的可能。不仅仅是凯特·奥尔夫，如果回顾一下本书中提到的那些英雄，我们会在深思熟虑的老雷斯和雄心勃勃的文斯勒之间寻求到一个平衡。就像文斯勒遇到松露谷一样，苏·比尔曼来到了旧金山，并打造了一个新的滨海区。埃莉诺·奥斯特罗姆在寻求公共资源利用的局限性方面很像老雷斯，但她同时也不否认人类在管理公共资源上的天赋，并煞费苦心地证实了这一点，这说明她又是一个文斯勒。

不幸的是，像奥尔夫、比尔曼和奥斯特罗姆这样的人还是少数。正如我们所知，人们习惯性地忽略减法。对人类世而言，这种疏忽成为一个根本性缺陷，因为寻求更少可能恰恰是让更多人在更长的时间内获得更多利益的关键。

减少，再利用，再循环

让我们把减法清单应用到人类世，看看能否找到一些方法来留下这笔“做减法的遗产”。

第一步是提前做减法。在凯莉的急诊室，分诊是非常有必要的；如果患者是我们的星球，我们还能进行分诊吗？

人类世包含着太多相互交织的目标：经济目标，比如卖更多的甜甜圈；社会目标，比如废除种族主义；环境目标，比如减轻气候变化带来的灾难性影响。所有这些目标都相互影响，比如气候变化这类情况，就对经济贫困的一小部分人具有更大的影响。[19]而且，每一个目标本身也异常复杂，这是任何计算机模型都难以捕捉的。联合国政府间气候变化专门委员会（IPCC）召集了数百名科学家，回顾分析了数千项研究，以提供关于气候变化的科学概要。IPCC最新的一份报告长达167页，这密密麻麻的167页是对其他相关综述的一个整合。[20]报告里没有一点冗余的内容，甚至可能一行文字就概括了很多人一生的研究或者活动。

要维护生命所需的气候环境，这一目标就包含着无数相互依存的问题：大气、海洋和各种极端天气现象；对粮食、水资源系统和生物多样性的影响；以及相应的决策、财政支出和各类政策。[21]每一个子问题都可以形成独立的报告。

这份167页的报告其实只是冰山一角。有一种看法认为，这份报告的每一个字都值得关注。只要我们能做点什么来改变现状，因为它很重要。如果我们能与他人相互合作，那就更好了。我认为这种看法没有多大意义。

我们真正要做的是分清轻重缓急。搞建筑工程、给患者置管如此，对待人类世的问题也是如此。现有的人力资源，不可能把所有应对气候变化的方案都予以实施。我们不能兼顾所有，而是需要去做收效最显著的事情。

卡罗莱娜·莫里和文斯勒一样雄心勃勃地求发展。在参加奥运会游泳比赛之后，莫里攻读了法律学位。自那以后，她在制定哥斯达黎加的气候变化政策、参与多国协议，以及在本国政府中都发挥了重要作用。在尝试改进系统之前，莫里迈出了不易觉察而又艰难的第一步——删减了关于气候状况中的一些细节信息。

记住，要删减信息，一开始得有信息的存在。莫里知道这是一个非常复杂的问题。作为一名气候变化法律与政策方面的专家，莫里知道，适应环境变化与减少环境变化同等重要。她知道哥斯达黎加只是一个国家，牧民在辽阔的气候公地中放牧。她知道，任何气候目标都必须考虑该目标对于减少贫困、人类健康，甚至经济增长的影响。[22]

莫里考虑了所有这些细节问题，然后开始在这些细节中寻求本质。

无论有多么准确，一张面面俱到的处方都可能会分散人们的注意力，使人们无法更加有效地开展活动。彼得·普罗诺沃斯特在置管检查表上没有加入任何防火措施。这些措施可能会挽救一些生命，但实施起来付出的代价更大，会分散注意力，浪费资源，使患者承受更多感染的风险。同样，莫里也不想浪费自己和其他人的时间，把废物回收和分解等项目提升到与大幅削减二氧化碳排放一样紧迫的程度，毕竟，后者才是真正救命的措施。

莫里对复杂问题进行了化解，接着又做了更多的减法。2007 年，哥斯达黎加公布了莫里找到的问题本质。到 2021 年，也就是从西班牙的统治下取得独立的 200 周年纪念日，哥斯达黎加要成为第一个碳中和①国家。[23] 要达成这个目标并不容易，但对于气候环境的改善却

① 碳中和是指在一定时间内直接或间接产生的二氧化碳或温室气体排放总量，通过其他各种形式加以消除，实现正负抵消，达到相对的“零排放”。——译者注

是一个非常有效的途径。

分诊在凯莉的工作中很常见，这可以帮助她在急诊室做出选择。同样，哥斯达黎加 2021 年的愿景也引导着政府在预算、法律和激励措施等方面做出更细致的安排。如果继续使用化石燃料，哥斯达黎加将无法实现 2021 年的目标。因此，政府对使用化石燃料征税，并鼓励使用没有碳排放的能源，包括太阳能、风能和生物燃料。[24] 哥斯达黎加在气候这一片公地中只占了一个相对较小的牧区，但却率先做起了减法，从而在世界上树立了一个榜样。我们在面对重大挑战时，也不妨向哥斯达黎加学习学习。

减法清单上的第二步是先做减法。让我们看看在人类世玩叠叠乐可能意味着什么。

“减少，再利用，再循环”（reduce，reuse，recycle，3R）的原则源于我们意识到了人类对环境的影响，《增长的极限》和《老雷斯的故事》也是基于这样一种认识。[25] 如果我们减少购买丝呢衣的数量，新的松露树在文斯勒“使用超级斧头轻轻松松将它们砍完”之前，也许还有时间继续生长。同样，通过对旧丝呢衣的再利用，我们可以减缓对松露的砍伐。再循环是最后才需要考虑的。因为再循环虽然可以将松露叶改作他用，但也需要消耗电、水等资源。“减少，再利用，再循环”的 3R 原则就是在对自然资源进行分诊。

3R 原则概括了减少污染气体排放的一系列方法。如果我们减少化石燃料的消耗，自然就减少了导致气候变化的温室气体。我们需要尽一切努力停止向大气中排放污染气体。但是，我们还需要去除已经排放到大气中的污染物，这意味着光靠 3R 原则是不够的。

事实上，3R 原则还是有害的，因为这与限制儿童和帕斯卡尔进行选择的思维模式其实是一样的。他们觉得负数“不可能”，因为他们认为零是不可突破的底线。如果只使用 3R 原则，我们就会把大气中目前的排放水平作为我们不可突破的基线。事实上，我们现在的排放量已经超过了科学家认为的安全范围。这些我也不需要跟埃兹拉做更多的解释。

由于目前的情况超过了安全的范围，我们需要先做些减法。“消除”（remove）必须成为第一个 R。哥斯达黎加确定了碳中和目标之后，就开始寻求实现目标的方法。显然，哥斯达黎加需要减少污染大气的排放，减缓排放速度，就像本在工作任务安排过多时敲响了他的“不鸣之铃”一样。但想要在 2021 年前实现碳中和，他们就不能把大气中已经存在的碳当作不可突破的基线。

埃兹拉在学前班就知道，树木能从大气中吸收二氧化碳。当然，造林是改善人类世性价比最高的方法之一。[26] 尤其是像哥斯达黎加这样的国家，它拥有适宜茂密森林生长的完美气候和大量开放空间（这些开放空间也是人类砍伐森林种下的恶果，这引起了老雷斯的愤怒）。现在，我们都需要列出一份自己的清单。造林对你的国家、城市或者后院可能并不一定适合，但对哥斯达黎加来说，首先从减法着眼，考虑清除已有的排放，这一点非常重要。

谢谢你，叠叠乐。

照勒温的说法，清除已有的排放就是改善气候的“好”方法。现在，运用气候工程，我们找到了越来越多的方法，这些方法通过干预地球上其他复杂的大规模系统来应对气候变化。这些大规模系统就是那些我们甚至还没有体验过就已经失去了平衡的系统。

针对气候的问题，人们提出了这样一些构想：由一个飞机编队将气溶胶喷洒到大气中，以阻挡阳光到达地面[27]；在太空中安装镜子，将阳光反射回太空，以此达到类似遮阳的目的；还有人建议将地球表面的颜色变成浅色，以反射更多的阳光[28]；或者向海洋倾倒成吨的铁屑，通过改变一个不可预测的复杂系统，来改善另一个系统。[29]你可能已经注意到了，这些气候工程的提案都是在做加法。

库尔特·勒温承认，要落实我们的行动，通过加法和减法都能够实现。但只有消除障碍，才能缓解整个系统的紧张局势，并使人们从中受益。如果埃兹拉关掉平板电脑就能得到一块饼干作为奖励，那么平板黑屏之后他确实不会那么生气；如果他真的生气了，那是因为在没有了平板的情况下他也没有得到饼干。

库尔特·勒温谈论的是社会情境，但是同样的紧张也适用于环境系统。向大气中喷洒气溶胶就像奖励饼干这一诱因一样，它可能会减缓全球变暖，但肯定也会给我们的大气层增加更多的人造物质，这又将成为不可预见的新情况，从而造成紧张和不稳定。我们在支持人类生命的各个系统里进化繁衍，却又将这一个个的系统搞得乱七八糟。我真心希望我们的系统越稳定越好。

也许气候工程有助于我们重拾这笔遗产。平心而论，有些方案确实把减法放在了首位，比如建议去除大气中的二氧化碳。[30]在我看来，无论是做加法还是减法，都应该摆到桌面上来。但如果我们在气候工程中只看到加法，那就是在用制造问题的思维模式去面对问题，那简直就是最大的讽刺。

第三步是要坚持做让人看得见的减法。正如我们所看到的，减法有一个如何才能被别人知道的问题。无论是哈林区那栋被改建为口袋公园的褐石建筑，还是编辑挑出来的一个不必要的形容词，被减掉的东西已经不存在了。

对于人类世，要用减法做出瞩目的成就面临着巨大挑战。不仅减法是无形的，而且变化本身，无论是加还是减，往往都分散在空间和时间中。虽然我们能注意到天气的变化，但这需要长时间的细致观测，然后在理想的情况下，将这些观测结果提炼成塔夫特式的图表。无论你为稳定气候做了多少努力，比如，你买了一辆电动车，安装了太阳能电池板，在你的后院种了树，你的感官都不会对你的努力给予反馈。

哥斯达黎加也面临着同样的挑战。人们可能会注意到森林的生长，但没有人会看到大气中的二氧化碳在减少。减少的排放是看不见的，而且影响也不是一时半会儿就能显现出来的。

要想让看不见的、尚显遥远的变化更加显著，一个办法就是想象它们未来的样子。在实验中，与自己年老的形象产生互动的人会比那些没有互动的人省更多的钱。[31] 从省钱到拯救地球，实现“愿景”其实是基于这样一种逻辑：我们越是清楚地想象出人类理想的未来，就越有可能实现它。[32]

哥斯达黎加的目标是到 2021 年实现碳中和，这具有双重作用。它既抓住了改变复杂系统的本质，起到了引领性的作用；同时也是在表达一个愿景，希望让我们能够看到其中的变化。哥斯达黎加不仅在减少碳排放，也在努力消除已有的碳排放，他们还将继续做减法，直到实现碳中和。[33] 他们不仅要实现碳中和，而且承诺到 2021 年就实现这一目标，这比其他任何国家都要早得多。

2021 年的目标激励着哥斯达黎加人，这一可以预见到的愿景也激励着其他国家，让其他国家也纷纷向他们学习。如果没有人学习布鲁斯 · 斯普林斯汀和凯特 · 奥尔夫，摇滚乐和园林设计就不会有改变；如果没有人学习哥斯达黎加，人类世也就得不到改善。[34] 虽然在此之前，哥斯达黎加对引起全球气候变化的排放只负有 0.02% 的责任，但他们仍然将碳中和作为自己追求的目标。

凭借 2021 年愿景，哥斯达黎加付出的努力已经有目共睹，而且他们的做法也是可以效仿的。自苏 · 比尔曼取得成功以来，很多地方都在着手或考虑拆除高速公路；现在，更加宏大的改善气候的计划也已在世界各地展开。德国、英国、荷兰等国家承诺到 2050 年实现碳中和，亚马逊公司承诺在 2040 年以前将一直致力于实现碳中和（亚马孙那片热带雨林已经发挥出了巨大的作用）。[35] 在实现宏伟蓝图的过程中，哥斯达黎加做了一道令世人瞩目且值得学习的减法。

大胆设想的缺点就是：越大胆，越难以实现。事实上，哥斯达黎加已经将 2021 年的目标推后，承诺到 2050 年实现碳中和。尽管如此，这个国家大胆的构想已经在减少能源消耗的道路上取得了实质性进展：几乎所有的电力都来自可再生能源；森林继续吸收着空气中的碳；石油开采已经叫停，这也是顺应了“停止”这一必然趋势。[36]哥斯达黎加坚持做这样的一系列减法，使它成为世界上公认的最绿色环保的国家。[37]这吸引了大批游客，进而又弥补了国家的支出。

减法清单上的最后一步是我们要对减法进行再利用。正如甜甜圈提醒的那样，我们有必要问问自己，是否可以对减掉的东西进行再利用。

得益于古老的光合作用，从哥斯达黎加大气中摄取的二氧化碳变成了森林，而这些森林又吸引了来自世界各地的游客。在我父母寄给埃兹拉的一张雨林树懒的照片中，我看到了与气候变化密切相关的人类世也在某个方面得到了改善：否则，在埃兹拉的一生中，将有一半的物种会面临灭绝。

苏斯博士在《老雷斯的故事》中就暗示了动物的灭绝。埃兹拉很想知道哼哼鱼到底能游多远，因为它们“是靠鳍划水，为了寻找不那么脏的水域，它们会游得很累”。我们现代的掠夺比文斯勒更甚。我们人类已经铺好了道路，建好了城市；我们砍伐了森林，改变了河流的流向；而且，我们还改变着气候。虽然灭绝是一种自然选择，但现在生物灭绝的速度比正常情况高出数千倍。[38]大规模的物种灭绝破坏了整个生态系统的稳定，最终，我们将会失去松露树以及其他的一切。但如果森林吸收了大气中的二氧化碳而得到茁壮成长，生物的生存就有了更大的空间。

哥斯达黎加做的这一道减法题在树木和生物多样性方面得到了回

报。那么文斯勒最关注的经济状况又如何呢？

苏斯博士的丝呢衣定价为3.98美元，代表着我们给世界增加的大量的东西。苏斯博士对疯狂的消费主义的看法是明确的，他借文斯勒的遭遇将自己的观点表达了出来。文斯勒在推销时曾自负地说道："丝呢衣是好东西，所有人都需要。"后来他变成了一个被抛弃的孤独者，守着一家荒草遍野、连风中都夹杂着酸味的已经倒闭的工厂。就连学龄前儿童都知道这不是什么进步。

制造丝呢衣或许能够增加GDP。丝呢衣销量喜人，一家工厂拔地而起。在一段时间里，"文斯勒一家人都在全力工作"。GDP是我们最具影响力，也最直接的衡量发展的指标。GDP就喜欢做加法。如果对松露树的狂热真实地发生在我们自己的后院，市场会认为这是成功的标志，不管后院是不是荒草遍地。

但GDP并非一直都是如此。[39]只是在二战期间，需要计算战争支出时，才将原本用来计算工人实得工资的方法调整为衡量所增加商品的数量。战后，伴随着社会对"多"的追求，GDP的基准地位也得到了拓展，比如，通过"马歇尔计划"寻求援助的国家必须计算其GDP，联合国为成员国的GDP报告提供了模板。今天，GDP增长几乎成为所有国家的目标。

GDP还是能够实现当初设立这一指标的初衷，但也仅此而已。它衡量的是生产，而不是福祉，所以，它没有考虑到一些有价值的减法。

GDP计算的是看病的成本，而不是患者的状况。一个因治疗中的置管感染而住院的患者，比接受治疗后出院的患者所花的费用更高。同样，GDP 也难以衡量我们思想的进步。[40] 无论我们从互联网搜索中获得多少实际价值，只要我们还在免费使用谷歌，该行为就不会计入 GDP。开源信息也是如此，比如像维基百科的数据。

这一衡量指标不仅使我们忽视了有益的减法，还造成了有害的增加。文斯勒对松露谷的开发增加了 GDP，但这种开发只会是短暂且灾难性的。飓风、石油泄漏、监狱建设和低效的政府开支也是如此。

我们需要的许多东西，从安全到健康的环境再到养育子女，根本都不会被计入这个生硬的统计数据中，甚至它们可能还会拉低 GDP。在人类世，我们进行的统计应该反映生活质量和环境质量的变化，但说起来容易做起来难。

要对 GDP 进行修改，我们就必须考虑公共利益这一类的难题。其他一些指标，包括联合国提出的人类发展指数，都不像 GDP 那样容易计算。为了衡量人类的发展，各国需要追踪并编制许多指标，如预期寿命、教育和人均收入。收集所有这些信息很具挑战性，但这些指标至少得到了一致认可。人类发展的其他方面，如心理健康和社区生活，从一开始就难以测量。

况且，我们在这里讨论的还只是测量问题。作为一个聪明到可以在外太空安装反射镜的物种，我们应该能够衡量什么是重要的。[41]

尽管 GDP 推动着我们做加法，但其他指标还是可以让我们做减法的。哥斯达黎加认为，森林除碳和固碳都具有经济价值。如果能按照这一思路，文斯勒的丝呢衣工厂肯定永远都会比松露谷好，而不是像我们说的那样一无是处。[42] 这样，哥斯达黎加可以让农民种植树木，而不是砍伐树木。

也许只是哥斯达黎加人比较单纯，毕竟，这个国家在 1949 年就解散了军队，并把军费用于教育、医疗和养老，甚至还建了一座艺术博物馆。[43] 其人均 GDP 约为 1.2 万美元，而美国的人均 GDP 约为 6.5 万美元。[44] 一个不那么激进的气候行动计划或许也会增加 GDP，但军队却是一定会增加 GDP 的。

同时，哥斯达黎加重新调整了支出重点，提高了国民识字率和健康水平。现在，该国公民的平均寿命比美国人更长。[45] 从他们在人类世做的一些减法中，或许有很多东西都值得我们学习。

学会选择，留下机遇

在中美洲大片地区植树造林；在国家层面制定平衡二氧化碳排放的规划；禁止所有石油开采；改变衡量标准，通过做减法来谋求发展……我很清楚，这些不是我们任何人能凭一己之力做出的改变，这是一项需要很多人参与的艰苦且具有战略意义的工作。更重要的是，改善环境也需要因地制宜。比如，与其在美国中西部植树造林，我们还不如在涡轮机下种植碳隔离作物。

那么，我们到底应该为人类世留下什么遗产呢？

大家可能想听到我肯定地说："这样做可以解决气候变化的问题。"但如果我真的知道有什么办法可以一劳永逸地解决气候变化的问题，我决不会等到现在才告诉大家。我会用粗体字把它印在这本书的封面上，然后再印到每一页上。若真要说我学到了什么，那就是：我们需要留下选择。

现在，我们有一个适应力项目。这是一个史无前例的合作项目，为期 5 年，由来自世界各地的顶级生态学家、经济学家、社会科学家和数学家组成。科学家认识到我们的环境危机是系统性的。考虑到这个系统具有复杂性和不可预测性，所以他们没有提出误导人们的具体实施措施。相反，他们给出的只是宽泛的应对方案："我们应该在最大限度上发挥一个系统可供改变的内在潜力，因为这种潜力决定了未来可以做出选择的范围。"[46]

和凯特·奥尔夫一样，科学家也都在对减法进行转换，因为"内在潜能最大化"听起来比"减去多余的东西"更顺耳。但是，要改变一座城市以发挥其潜能，就意味着要拆除拥挤的高速公路；要最大限度地发挥一个社会的内在潜力，就意味着要消除种族主义；要留下最有用的集体智慧，就需要去除现代的错误观点。换句话说，针对我们人类世的问题，解决办法就是做减法。

留下选择就意味着要清理自己留下的烂摊子。我们可以清除系统内的错误，这是做出改变的好方法。利奥·罗宾逊、Run-DMC 说唱乐队和伊布拉姆·肯迪帮助我们认识并消除种族主义，我们也需要认识并消除占用我们共同未来的无形架构。

我们可以撤资，正如德斯蒙德·图图反复建议的那样。这位南非大主教已经因为废除种族隔离制度而获得了诺贝尔和平奖。现在，他又成为一位发声响亮、影响力巨大的减排倡导者，主张“在南非，停止对碳排放最严重的机构进行投资”。[47] 种族隔离制度缺少了数十亿美元的投资，要废除它就变得容易了；同样，要改善地球环境，一个好办法也是停止对破坏地球的活动进行投资。这样的投资其实还有很多。目前，对化石燃料公司的投资，意味着排放量将达到科学家认为的安全排放量的 5 倍。[48]

正如从种族隔离制度中撤资一样，加州大学走在了前列，成为针对化石燃料公司撤资的最大机构之一。[49] 就像以前号召从种族隔离制度中撤资一样，教皇现在呼吁所有天主教徒也用同样的办法对待化石燃料公司。[50] 身为环保主义者、主教、作家和社会活动家的比尔·麦吉本就将他毕生的精力放在了让更多的机构和公司撤资上面。爱尔兰、比尔及梅琳达·盖茨基金会，以及数百个宗教组织都在为此而努力。[51]

我们去除了有害的想法和政策，或把自己的东西清理干净之后，便会留下更多的选择。我们要想被人记住，一种方法是留下那些我们认为在死后依然存在的有形的东西。这很正常，但我们必须得小心，如果我们留给后代的只有房产、纪念碑和埃克森美孚的股票，那么无异于又在建造一幢科利尔兄弟褐石建筑，而且简直就和整个地球一样大。为了留下选择，我们需要去除一些东西。

在苏斯博士故事的结尾，我们了解到年迈的文斯勒有了与“适应力项目”科学家类似的顿悟，知道应该留下些什么。为了把他的遗产传给来看望他的男孩，文斯勒没有把他的工厂、旧机器或任何人造的物品送给他。为了改变未来的生态系统，文斯勒意识到他能提供的最好的东西就是最后一颗松露树种子。他把种子送给了这个男孩。为了改善未来的人类系统，文斯勒留下了他的故事。文斯勒还有一个企业家的自我，他向这个好奇的男孩要了“15 美分，一颗钉子和一个算得上是曾曾曾祖父的蜗牛壳”。于是，这个男孩只用了远低于一件丝呢衣售价的价钱，便得到了文斯勒花了一生时间提炼出的智慧。

正如“适应力项目”的科学家总结的那样，也正如文斯勒所做的那样，我们应该留下潜能。通过做减法，我们可以把机遇留下。即使是注重增长的杜鲁门也承认这一点：“我们能够用来帮助各个民族的物质资源是有限的，但我们在技术知识方面的资源是无法估量的，是不断增长且用之不竭的。”[52] 事物是有限的，但人却是不受限制的。

第八章
从信息到智慧：减法实现富足人生

删减信息，积累智慧

中国的先哲老子曾说："为学日益，为道日损。"

老子是在2000多年前说这番话的，但在今天看来却依然有价值。减法是我们身处人类世的一项生存技能，同样也是我们信息时代的生存之道。

卡尔·纽波特写了一篇名为《电子邮件让教授们变傻了吗？》的文章，概述了年轻一代忽视老子这番话所带来的后果。[1] 该文发表在《高等教育纪事报》（*The Chronicle of Higher Education*）上，并且通过推特、各个门户网站，以及教授的邮箱呈现在读者面前。这篇文章的要旨是，虽然电子邮件在某些方面对教授有帮助，但长时间的闲聊会浪费很多可以用来思考的宝贵时间。

需要花时间来思考，这对许多工作来说都是有帮助的，也是莱斯莉·珀洛要努力让软件工程师免遭"时间荒"的原因。但是对教授来说，拥有不受干扰的时间，就是完成工作与愚蠢之间的区别。为了处理大量消息，我们牺牲了自己用以充实并深化思想的能力。

这篇文章在我的邮箱里收到过三次，这就是我隶属于多个部门造成的。大家一读完文章，就会通过电子邮件评论一番，值得庆幸的是，我还没有做出任何评论。一位很机敏的同事就指出，教授通过电子邮件讨论这篇文章，真是一种讽刺。

其实，不仅仅是教授，美国人平均每天会遇到 10 万个单词，比这本书中的单词还要多。[2] 2017 年时，在一分钟的时间内，互联网上就会冒出 50 万条推文，会进行 300 万次谷歌搜索。[3] 那电子邮件呢？每分钟有 1.56 亿封。

我们都知道问题所在，也都在谈论信息疲劳和信息过载。我们可以尝试一下"信息节食"；"信息节食"不管用的话，也可以尝试一下清除信息。"信息过量"这个表达随处可见，现在甚至已经出现了 TMI（too much information）的缩写形式。这个词不仅用于书面语，还出现在口头表达中，甚至还被收入了词典。具有讽刺意味的是，TMI 本身就表现了信息的密集性——表达同样的意义只需在键盘上敲击 3 下而不是 20 下。

从大量的电子邮件到购物时太多选择所造成的焦虑，海量的信息已经威胁到了我们的心理健康。[4] 太多的信息对人们参与事务的民主化运作造成了影响。[5] 我们身边每天都充斥着大量信息，有正面的，也有负面的，真伪难辨。我们可以系统地考虑每张婴儿床垫的优点，了解每位候选人应对气候变化的策略，或者让我们知道他根本没有应对策略。但是，我们能做的很有限。

我们在任何给定时间内可以处理多少信息，这从生物学上来讲是有限制的。我们一次只能进行一场面对面的谈话，每秒输出大约60~120个字节（1个字符大致相当于8个字节）。[6]在一个方面进行信息处理，就意味着我们无法在另一个方面进行信息处理。电子邮件出现之前，提出“满意度”一说的赫伯特·西蒙就认为：“大量信息造成了关注度的缺乏。”[7]

太多的信息阻塞了心智带宽，也可能导致其他类型的匮乏。埃尔德·沙菲尔与塞德希尔·穆来纳森合著的《稀缺》一书，颠覆了我们对经济贫困与不当决策之间关系的看法。[8]普林斯顿大学的心理学教授沙菲尔与时为哈佛大学经济学教授的穆来纳森发现，穷人更有可能做出错误的决定。乍一看，这似乎支持了有些人的观点，即穷人自身是导致贫穷的原因。

但是，沙菲尔和穆来纳森认为，这一推论是需要纠正的。致贫的不是错误的决定，而是身处贫穷的认知导致了错误的决定。

如果一名中学生不得不花大量时间考虑是该为年幼的弟弟妹妹买食物，还是为学习去买书，那么他就没有更多精力去研究书本上的知识了。由于书本与食物的两难境地已经占用了她的心智带宽，即使社会上有免费赠书的保障机制，她脑子里用来处理新信息的空间还是会被困境占用。

穷人常常陷入这种精神上的匮乏，而我们远离贫穷的人不应该存在这样的困境，这正如老子和西蒙所建议的那样。

在我们这个时代，信息本身不再是一个问题，就如同铁器时代的铁器一样。信息是一种特权，也是一种可能性。在现在的人类世，最有可能的就是信息的增长量将超过能源消耗量与废气排放量。[9] 与化石燃料和气候不同，信息是一种取之不尽的资源。尽管如此，为了让信息帮助改善我们的地球和地球上的一切，我们还是需要利用大量的信息。

在现代生活中，我们获取信息的种种渠道，无论是电子邮件还是推特，其实都无关紧要。信息过量并不像我们想象的那样是什么新概念。西蒙就曾写道，人们“完全不适应广播和复印机”。在复印机出现之前，约翰·梅纳德·凯恩斯就引领了社会对“多”的追求，但他也指出，减少无用的信息将使人们获益。[10] 至于那些删掉的信息，他认为可以集结做成“删除内容索引”。这一说法是借用了罗马天主教堂禁止其成员阅读的图书清单名称，这些图书的某些段落被删除之后才能供天主教教徒阅读。

早在书籍必须手工书写和誊抄的时代，《圣经》就警告说：“著书多，没有穷尽；读书多，身体疲倦。”[11] 罗马斯多葛派哲学家塞内卡认为，信息是很危险的。他的《道德书简》集结的是他写的 124 封书信，其中第二封专门针对“阅读散漫的问题”[12]。他警告说阅读过多可能会占用带宽，从而没有精力去面对新的情况。

历史学家安·布莱尔在她的《太多不知道》（*Too Much to Know*）一书中说，我们一直在寻找存储、汇总和分类信息的方法，现在也没有停止。[13] 从这层意义上讲，数据服务器与文艺复兴时期的博物馆与图书馆是一样的。现在，维基百科的风格一样可以追溯到印刷品时代的百科全书。谷歌对全世界的信息进行排序分类的方式，也与字母排列或者杜威十进制系统类似。

在组织信息的同时，我们还可以放缓做加法的速度。爱德华·塔夫特讲授满意度达成后的信息设计时，刻意避免使用PPT（演示文稿），即使PPT在添加幻灯片、项目编号等许多方面都很方便。我和许多人认可的、有史以来最具创造力的非虚构类作家约翰·麦克菲一直用的都是机械打字机，而不是计算机文字处理软件。海明威坚持用铅笔写作。铅笔增加信息的速度虽然不及钢笔，但是信息还是在不断地增加（不然，橡皮擦不会比铅笔芯短那么多）。

存储、汇总和排序分类没有用到减法，放慢速度相当于本的“不鸣之铃”。但是布莱尔还发掘了另一种你认可的策略：选择。就像自然平衡加法和减法一样，我们也需要平衡信息的产生，选择相关的和有用的信息。选择让我们再次感受到信息的丰富与关注的匮乏之间存在紧张的关系。

对于选择，布莱尔提供了实用的技巧。她讲到了《百科全书》的编辑所使用的选择过滤器。《百科全书》共17卷，所有内容都按字母排序。编者认为，《百科全书》所包含的信息足以在毁灭性的灾难之后重建整个社会，对实现该目标不必要的信息都被删去了。这是相关性的高标准，但无论你的目标是什么，原则都是相同的。

无论是重建社会还是管理我们的收件箱，选择都需要我们将短暂的数据与信息区分开。垃圾邮件过滤器捕获的大多数电子邮件都是数据，而不是信息。在其他一些情况下，数据和信息之间的区别取决于用户。对我的大多数同事来说，一封针对“把三明治留在休息室冰箱里发霉的人”的警告信显然只是数据，但有些人则喜欢由此探究一番。最简单的过滤标准就是，如果它对你没有用，那它肯定不是信息。[14]

在另一些情况下，问题不在于是数据还是信息，而在于信息是否值得存储。我们的减法技巧可以帮助你做出正确的决定。就像麦克法兰为两岁的孩子发明了平衡车一样，着眼于人类可以帮助我们从心智带宽和其他方面去除不必要的数据和信息。例如，我们的教授喜欢要求学生学习新的论题，却经常回避现有尖锐论题的相对价值，这就不仅仅是心理负担的问题了。当我们着眼于学生时，就得强迫自己提出这样一些尖锐问题，并要面对一个事实，即注意力不足不利于学习。在极端的情况下，太多的信息不仅会占用学生的心智带宽，还会使他们相信作弊是满足要求的唯一选择。[15] 军官有太多事情要做，他们便会想着偷工减料，我们确实看到过这样的例子；而如果学生有太多的知识要学，他们也会这样做。

对教授和其他一些人而言，他们很难对信息进行删减，是因为我们从直觉上会关注生产者的成本和用户的收益。正是基于这种思想的两面性，乐高确定他们能够以 40 美元（生产商成本）制造出由 1100 块乐高积木拼成的机器人，而父母也愿意为此付出 90 美元（用户所得价值）。

但在购买乐高积木和进行其他交易中，用户也会有另外的花费。

对实物而言，与商品本身的费用相比，这些花费通常可以忽略不计。比如，我得走到外面去扔掉乐高的包装盒，虽然我也懒得出门，但出个门成本也不高。

但是，如果交易的内容是信息，那大量的花费就并不包含在交易本身的支出里面。所以，读者能读到这里，我感到非常荣幸。对信息进行创造、收集、撰写、编辑、营销、流通是一回事情。当你买这本书的时候，你是付了费用的，但是，使用这些信息的全部付出还应该包括你花费的阅读时间。无论你的阅读速度有多快，无论你将自己的时间价值定为每小时 15 美元、150 美元还是 1500 美元，你花在这本书上的时间价值都是你所支付金额的若干倍。

为了更好地利用信息所带来的好处，我们必须对生产者和用户产生的成本拥有所有权。第一位发送《电子邮件让教授们变傻了吗？》一文的教授被惹怒了，这也是可以理解的，因为这位朋友平时谈得最多的就是过多的电子邮件。然而，他生怕自己发送的消息没有被他人理解，于是又在消息后加了更多的内容和信息。转发这封电子邮件的同时，他又往我们的收件箱里发了 35 封新邮件。心智带宽都快被阻塞了，可他想的却是要保护大家。

其实，信息的机会成本也不是一个新的考虑因素。凯恩斯呼吁创建删除索引已有近一个世纪了，而且由于有图书馆的存在，图书管理员可以决定要淘汰哪些图书，以便为新的图书腾出空间。和奥尔夫所说的清理、切割和揭开原则一样，图书管理员不会说淘汰图书是在做减法，他认为这是在“除草”。

不知道你是不是和我一样，觉得要扔掉一本书，哪怕是一本你永远都不会读的书，也会感到很痛苦。不过，图书管理员知道“除草”是有必要的。还有一个办法就是回收制浆：把整整一书架的图书一股脑儿地带到工厂，在那里将它们分解，并溶成糊状，然后重新制成纸张。从英国曼彻斯特中央图书馆一下子取走了 21 万册非虚构类图书，这让图书管理员也禁不住落泪。[16] 这简直就是“大规模的文化破坏”。一本书在过去 10 年都没有被借出，但谁能保证它在将来不会给人带来欢乐，甚至成为重建文明的基础呢？清除图书就像我们的大脑修剪突触一样，而把图书拿去制浆简直就是在做脑叶切除手术。

无论对于我们的书架、我们的收件箱还是我们的大脑，有意识并且定期地做一做减法，总比拿去制浆或者做手术要好得多吧。如果不睡觉，我们的突触就得不到清理，大脑就会因为超负荷而变得迟钝。如果我们在清醒时，不知道有意识地地选择信息，那么就和制成纸浆的经典图书一样，我们会因为信息过量而感到焦虑，以至聪明的教授也会发送内容为“电子邮件使教授变笨”的邮件。

相反，如果我们从智力储藏室里清除一些信息，就好比关闭了占内存的后台运行程序一样，我们大脑的处理速度就会快很多。我们全力以赴地工作，就可以创造新知识，甚至将其提炼成智慧。

过滤信息，实现突破

我发现，与力学相关的课程是我拿到本科工程学学位的最大障碍。力学是物理学的一个分支，涉及静止与运动中的物体，它要求我将数字代入方程，并将世界上抽象的概念展现出来。这是一个具有挑战性的障碍，如果无法跨越，我将没有机会完成后面的一系列课程。

那时，我还没有进行第一门力学课程的第三次，也是最后一次考试，我当时的平均成绩为C。我的老师维斯科米教授非常希望我们能通过考试，但我们必须拼尽全力。他从事教学已经30多年了，每个班有25名学生，他给数千名同学上过课。这里，学生不可能因为接受了学习指导，或者与老师交流了问题就能获得加分；当然，更不可能求老师改分。

这是我一生中第一次参加那门课程的期末考试，我知道自己有可能考不过。如果真没考过，我将面临两种选择：要么延期获得学位（我的父母得支付额外的学费），并且第二年重修这门课程；要么转专业，换成不需要修力学课程的专业。

在公布成绩之前，维斯科米教授总会郑重地在黑板上写下最高分和最低分，让我们所有人来猜测谁得的是最高分，谁得的是最低分。这次，他写下的是98分和47分。

然后，他看着我，脸上有几分得意的表情。

我的同学开始嘲笑我，并朝着他们心目中能够拿98分的同学挤眉弄眼。我感到很惊讶，一个原因是我没想到维斯科米教授会拿我的低分数开玩笑，另一个原因是我认为自己做得不至于那么差。不过，当他公布考试成绩时，我还是禁不住会想该转到哪个专业，哪个专业可以多一点踢足球的时间，哪个专业不至于80%都是男生。但这个愉快的白日梦很快就结束了。当拿到自己的成绩时，我才意识到为什么维斯科米教授会有几分得意的表情，因为我就是那个得了 98 分的人。

对这次考试，我做出了一些什么样的改变呢？我以前一直都是上课、学习、完成作业，我整个学期都在做这些事情，结果平均成绩只得了 C。而我这次做出的改变就是，在考试之前，我从心理上对这门课程的内容进行精减，我发现了具有价值的“少”。

对那些不是工程学专业的学生来说，力学的第一堂课（通常称为静力学）归结起来，就是将牛顿第二运动定律应用于静止或以恒定速度运动的物体上。所有这些都可以用一个简单的公式来描述：$F = ma$，即力等于质量乘以加速度。接下来，我可以从这个方程式中得出我所需要的东西，还有其背后的思想，以及将方程用于物体载荷分析的一些规则。在这次考试之前，我不再去记其他几十个方程和切线的相关概念，这些方程和概念都会在我大脑里做加法，会使我陷入孤注一掷的困境。

就像我不再担心那些可推导的方程式一样，你也不用把刚刚读过的力学知识全部记下来，你只需要记住一点：放弃一些没有太大用处的想法，你便会有所突破。维斯科米教授的课程有一定的难度，但从本质上讲，它与其他课程也没有什么不同。他还讲授了许多实际应用，但所有的应用都是从一些基本思想衍生出来的。我也不需要知道一大堆的力、质量和加速度，只需要知道 $F = ma$。

不论什么科目，我们都会在学习的过程中建立心智模式。我们接受许多概念以及它们之间的相互关系，并用它们来表达现实。为了最有效地学习，我们需要做加法，也需要做减法，就像林璎那样，像大自然那样。当然，我们还需要对心智模式补充细节。但是，对一个系统来说，只有剥离了一系列的要素之后，我们才能看到本质。清除一些不是特别有用的想法，可以让更加有用的思想蓬勃发展。

当然，大脑也能对信息进行自动删减，以免被化成“纸浆”，但我们最好还是有意识地做一下清理。在提高效率方面，“少即是多”给我最大的启示就是少记笔记。这与清理衣橱是一样的。那些你一整年都没有穿过的衣服，完全可以扔掉。无论是清理信息还是清理衣物，你都必须从不重要的内容中过滤出重要的内容。如果觉得这件运动衫不错，那我最近肯定会穿；如果觉得某个想法很值得一提，我肯定已经深思熟虑了，所以不用记事本也是能记住的。

当然，有些东西我还是要记下来。我在家和工作中都会把要做的事写下来，这样做起事来才会让莫妮卡和同事感到满意；此外，我整理思路也需要记笔记。但我相信大脑有很多了不起的想法，我不需要提醒自己“人们忽略了减法”，因为我们团队的实验能不断地印证这一点。这是我的小胶质细胞也清理不了的洞察力。

自从不打算记更多笔记之后，我就节省了很多时间来思考沉积在大脑中的一些想法；否则时间一长，这些想法又会被大脑不自觉地清除了。同时，这也为形成好的思想留出了更多的时间，而且我似乎也没有忘记任何重要事项。

学会去除错误想法

清理无关紧要的概念帮助我通过了力学考试，也帮助我完成了后来的一系列工作。过滤没用的信息可以保护我们的收件箱和心智带宽，这样其实已经足够了，但我们还是可以再做一点减法，因为如果能够学会去除错误的想法，我们将获得罕见的力量。

为了更好地认识这一点，让我再告诉你一个事例：我为埃兹拉所在幼儿园的操场添置了三辆闪闪发亮的黄色翻斗车，幼儿园的卡拉小姐却没有感谢我。埃兹拉两岁半的时候进了幼儿园。[17] 他以前的日托所里有数不清的玩具翻斗车，但卡拉小姐的幼儿园只有一辆生锈的翻斗车，而且最近翻斗车的车斗也丢了。我觉得这是一个问题。他腿上的瘀伤证明，两岁半的孩子，无论性别，都喜欢推着翻斗车跑。

这是一项非常适合他们的运动，处在他们这个年龄段的儿童，行走尚不稳，但他们又想通过移动大物件来显示自己的本领。

由于学龄前儿童的老师最了解人类的天性，所以看到卡拉小姐没有说“谢谢”，我觉得颇有深意。显然，我什么地方肯定做得不对。最后我才明白，添置了三辆翻斗车，其实是把她精心设计的游乐场学习环境给破坏了。

卡拉小姐当然知道两岁半的孩子喜欢翻斗车，所以幼儿园里有一辆。但她也知道，如果翻斗车太多，像埃兹拉这样的孩子就会一整天推着车，就像他以前上的日托所那样。如果埃兹拉整天都在玩推车，那他就不会注意到操场上其他东西：闲置的木地板、黑色排水管、堆放的牛奶箱、球、草坪覆盖、沙子、岩石、水、纸飞机、肥皂泡、布制成的翅膀，以及小苏打和醋做成的火山喷发。

对于学龄前儿童以及我们其他所有人的学习，教育学家有一个专门的说法，叫作“建构”。[18] 简而言之，对于意义的建构是基于我们的思想与周围环境的相互作用。当埃兹拉推翻斗车时，只有这一种环境帮助他建构意义。他无法与潮湿的岩石接触而感受摩擦；无法从黑色排水管内吸收太阳能的过程中体验热力学，从而感受这些排水管是操场上最暖和的东西；也无法从牛奶箱跌落的过程中感受到重力和失去平衡的结果。如果埃兹拉的新操场带着他体验到了这一切，他便会通过体验产生知识的积累。

而且，建构有意义的环境还不一定是物质环境。只有一辆翻斗车，大家就需要学会分享，至少确定推车的先后顺序。埃兹拉第二个推翻斗车，他与第一个推翻斗车的马尔科姆很快就成了好朋友。分享，或者不分享，这仅仅是个开始。幼儿园操场的一半都是像沙滩一样的沙池，当沙池里出现水坑的时候，这些小孩子又会变成相互协作的工程师，在沙池里挖水沟，让水从一个水坑流向另一个水坑。

慢慢地，我看到了操场如何促进儿童行为的发展，这使我不禁想起了纪念性建筑先于文明的理论。在大肚山，制作纪念碑的岩石太过巨大，单靠一队狩猎采集者是无法移动和雕刻的。在埃兹拉的操场上，闲置的木地板对这些小孩子来说也很大，一个学龄前儿童是搬不动的，所以他们就得一起搬。

在我们的成长过程中，无论操场上有多少辆翻斗车，我们最终对这个宇宙的法则都会形成自己的理解。知识来自朋友、老师和有关减法的图书。无论洞察力来自何处，建构主义的建构指的都是这样一个事实，即我们在既有的关于世界运行的理解基础上加入新的信息，从而形成新的认知。我们新的思想是以旧的思想为基础的。[19]

从个人角度来说，思想塑造了我们对世界，以及对我们自己的看法。从群体的角度来说，知识建构是一种文化进化，它赋予我们独特的人类优势。[20] 与建立文明一样，我们也倾向于不断增长知识。知道总比不知道要好。但是，就像文明的建立一样，我们的想法越多，通过清理使想法得以提升的机会就越多，而从中获得的收益也越多。

做心理减法的极致，就是清除那些不再正确的想法或者从未首先出现过的想法。要做到这一点并不像听起来那么简单。我们需要认识到消除错误思想的价值，以便在更稳固的基础上构建新思想。对此，研究人员花费了大量时间来寻求如何做到这一点。

不久前，研究人员将那些常见但错误的认知称为“朴素物理学”“朴素化学”“朴素心理学”，这些大概都需要一位启蒙科学家来纠正。如此多错误的认知，将会影响我们学习重力、气候变化等所有知识。[21] 如果我们能够去除这些错误的想法，就像切除肿瘤一样，那新的知识和想法将自然而然地融入我们的大脑，那才是我们应该拥有的。

但是在我们看来，知识建构也一样忽略了减法。考虑一下，埃兹拉从圣诞老人那里得到一辆包装好的乐高积木消防车。这种新的经历与他以前建构的知识发生了冲突。埃兹拉知道圣诞老人，知道他的小精灵，还有他的木材工作坊，而且他知道圣诞老人没有制造乐高这种塑料玩具的能力。

因此，埃兹拉质疑："圣诞老人是怎么把乐高做出来的呢？"我必须迅速思考一下。

"哦，像乐高这类玩具，圣诞老人是直接同亚马逊合作制造的。"

儿子认可了我的回答，部分原因是圣诞老人将乐高外包给了一家电子商务公司这样的解释能够融入他对这个世界已有的认识，但更重要的一个原因是，我的回答并不需要排斥他过去对圣诞老人的认知。

于是，他就更加相信圣诞老人了。1954 年，心理学家利昂·费斯廷格，也是库尔特·勒温的学生，加入了一个异教组织，该组织认为世界将在当年 12 月 21 日毁灭。[22] 成为该异教成员的好处是，当来自外太空的外星人在世界末日前的午夜到达地球时，信徒就可以登上外星人的飞船。

费斯廷格聪明的计划是没有问题的。如果事实证明这个组织的预言是错误的，他就可以做关于信仰体系改变的心理学案例研究；如果是正确的，他将获得拯救。

世界并没有毁灭。但是，就像埃兹拉对圣诞老人的认知一样，这些异教徒也没有认为自己有错。费斯廷格回忆说，过了午夜，组织就开始讨论哪个时钟才是世界末日的官方计时。然后，他们就安静地坐着，又过了几个小时，还是看不见来自外太空的拯救者。在凌晨 5 点钟的时候，组织领导接收到重大消息：组织成员坐了一整夜，说服了更高级的力量来拯救地球，使地球免遭毁灭。

于是，费斯廷格进行了个案研究。我们都竭力避免头脑中出现相互矛盾的想法，这个异教组织算是一个极端的例子。但我们往往不是通过去除错误的想法来解决冲突，而是对两者做了一个折中处理。[23]

对于4岁的孩子和异教组织的成员，你可能觉得好笑，但其实我们都很难去除自己那些错误的想法，甚至连超凡脱俗的爱默生一生都在思考，却依然没有摆脱这样一个问题。回想一下他是如何描述思想与事物之间的关系的："思想的一点点拓展……将导致外部事物最显著的变化。"对于外在事物的变化，爱默生没有进行限定；但对于思想，唯一存在的变化就是"拓展"。

爱默生是否根本就没有考虑过减法，已经无从知晓，但这种行为其实非常普遍，教育工作者也已经不打算对此做出改变了。1994，《学习科学杂志》(*Journal of the Learning Sciences*)发表了一篇题为《对于误解的再认识》的重要文章。该文提出一种替代方法，现已被广泛接受。[24] 文章作者认为，我们应该关注不同知识之间的相互关系，而不是试图找到"特定有缺陷的概念"。按照这一说法，确定学生建构知识的思想基础，无论正确与否，都是最根本的问题。只是文章的观点并不是要对错误的观点进行清理，而是将其视为认知增长的资源。

这种对于误解的重新认识，有很多地方是值得肯定的。专注于要消除所有偏离教师标准和要求的想法，就等于忽视了学生源于日常经历的各种想法所具有的多样性。这在具有少数族裔背景的学生身上尤为突出，他们会感到自己的文化没有被接受或被欣赏。有了这种重新认识的思路之后，任何人都不再是“天真幼稚”的人，这就打破了知识持有者和知识学习者之间人为形成的界限。当然，教师肯定拥有学习者所不具备的知识，但反过来也是一样。所以毫无疑问，这种重新认识能更准确地反映学生学习的实际情况。知识的组织结构可能会发生变化，但要素必须保留下来。

话虽如此，但对错误观念的接纳确实也意味着我们在学习中忽略了另一件原本可以做的事情：减法。原本可以通过替代将一些东西去除，我们现在谈的却是适应。“适应”这个词已成为描述我们的思想符合新体验这一过程的首选术语。[25] 适应，而不是清除，是我们目前构建新知识的方式。[26]

适应新的想法总比直接拒绝要好。当埃兹拉意识到圣诞老人不可能手工制造塑料乐高积木时，他的想法确实更加接近真相。但是，如果我们不去除错误的想法，新的想法也可能被我们扭曲。

类比：对思想做减法

托马斯·库恩在他的《科学革命的结构》一书中，将我们集体意识中的进步分为普通进步和革命性进步。[27]

像我这样的学者，看到库恩对科学顿悟所做的剖析深感振奋，已不足为怪了。《科学革命的结构》一书的知识密度很大，里面提到一系列如“范例”“不可通约性”“范式”等抽象概念。在 20 世纪最具影响力的书目中，该著作看似不太可能占有一席之地，但它确实跻身这一行列。[28]

库恩研究了力学从亚里士多德到伽利略的革命性转变。亚里士多德是通过对象去发现行为，而伽利略的观点与我从维斯科米老师那里学到的比较接近，因为它对诸如摩擦力和重力之类的力做出了解释。

这种思想上的革命不仅改变了我们教授科学的方式，也改变了我们看待世界的方式。如果让亚里士多德和伽利略看一看在操场荡着秋千的埃兹拉，他们眼里的所见可能完全不一样。伽利略会看到埃兹拉身体的惯性和作用在他身上的力：重力、空气阻力、我的推力，以及埃兹拉晃动双腿产生的力；亚里士多德则会看到一个男孩反复地被宇宙中心吸引到他自然的位置上。

通过历史的镜头，我们可以很清楚地看到，思想的深化和进步需要对知识做减法。当然，伽利略的新发现也是越来越多，但是他的发现不是简单地基于亚里士多德的理论，他必须认清并打破不正确的理论基础。

本书中谈到很多的新发现，而这些新发现的前提就是去除了旧思想。要接受埃莉诺·奥斯特罗姆对公共资源实现集体管理的观点，就必须摆脱哈丁的悲剧理论；看到西蒙提出的满意度，就意味着放弃此前一部分理性选择理论；要向林璎学习做加法和减法，就要求我们停止思考究竟是加法还是减法。

量子理论的先驱马克斯·普朗克持有一种悲观的观点，他认为“新的科学真理并不能通过说服对手并让他们看到光明而胜利，因为对手最终都死了”。无论对学龄前儿童、异教徒还是研究人员来说，学习都是一个在适应的基础上积累的过程。但如果我们能够消除错误的想法，而不必等到包括我们自己在内的人死去，那不是很好吗？

幸运的是，我们只是不习惯去除错误的想法，并不意味着我们做不到。库恩专注于革命性的思想如何在世界大行其道，而南希·内尔塞希安则致力于研究思想是如何在革命性的思想家脑海中形成的。为了完成这项工作，这位佐治亚理工学院的教授发挥自己在认知科学方面的专长，将库恩式的历史案例研究与分析相结合。[29]

内尔塞希安的研究让我们看到更多的案例，这些案例都体现了减法在思想领域的革命中所起到的关键性作用。在我们的研究中，常见的就是按部就班地展开实验，进行数据处理，但内尔塞希安发现，为了新事物的诞生，为了从已知走向未知，革命性的科学家都是将最高水平的现代科学实践与一种古老且简单的方式相结合，这种方法就是类比。

我们其实都在使用类比。类比对于描述概念非常方便。我在描述内尔塞希安的案例研究时，就称这些案例为“思想革命史上一场又一场的战斗”。

类比也可以教给我们新的思想。我们将大脑的思维过程比喻成计算机处理，或者将思维清理比作修剪果园。通过与熟悉事物的类比，我们就能更好地理解未知事物。[30] 还有研究发现，当我们通过类比学习时，从一个问题扩展到另一个问题的，往往不是容易导致注意力分散的细节，而是本质。从大脑和计算机的类比来看，我们不会想到大脑有键盘和光滑的银色外壳，上面印着苹果或戴尔的商标，但是，我们会像理解大脑那样来认识计算机对于信息的处理。在知识进入我们的心智模式之前，类比会对知识进行修剪，清理掉很多的细节。

正如内尔塞希安展示给我们的那样，在非常特殊的案例中，类比能够帮助我们清除错误的想法。类比之所以起作用，是因为类比让人感觉像是一种适应，让我们能够一只脚踏在自己熟悉的知识体系中，而另一只脚却在寻求新的立足点。对于科学学习的研究表明，直接提出新的观点和新的证据并不能消除错误的认识。观点是新的，证据也是新的，这样无法击垮根深蒂固的错误认识。[31] 但是，如果我们能够拿新的观点与学习者头脑中已有的正确思想进行类比，那错误的认识就会变得不堪一击。老师给学生介绍约翰尼斯·开普勒的方程式，以此描述行星围绕太阳的运动，并说明这些方程式适用的范围。但是，这可能并不足以消除学生认为地球是宇宙中心的观点。但如果学生知道较小的电子如何围绕较大的原子旋转，那么老师就可以通过类比，将其扩展到太阳系，这样，就更容易消除更大的太阳围绕较小的地球旋转这一错误观点了。

即便已有的观点存在错误，新的观点要与之抗衡也不是一件容易的事情。但如果有了正确的既有观点的支持，新的观点就能够战胜错误的观点。类比甚至对开普勒本人也发挥了作用，他在描述自己革命性的突破时说过："我最喜欢的就是类比，它是我最值得信赖的老师。"

谈到新的想法，在本书的八章内容里，我们已经看到了减法尚未被挖掘出的潜力，以及追求减法所带来的收获。利用类比，我们也已经对思想做了减法。我们去除了“消除”一词带给我们的消极效价，让人们明白减少不代表损失。我们不用再思考加法或者减法，因为加减法的运用本就应该是一个自然而然的行为。

坚持做看得见的减法，需要花费更多的精力，但你要相信这是值得的。减法可能会产生巨大的波及效应。在苏·比尔曼公园里，在拿着猴子气球的孩子中间，在其他城市遇上类似恩巴卡德罗公路这样的情况时，总能让人想起苏·比尔曼的事迹。

减法也确实在我们的思想中产生了反响，让我们看看发邮件的那些教授。

“无处不在！”我在普林斯顿大学谈到人们忽视减法的情况之后，便收到这样一封邮件，其中，主题一栏就写了这样一句话。邮件最初是由物理学教授罗伯特·索科洛发送给埃尔克·韦伯的。索科洛教授提出了著名的气候稳定楔子学说，而韦伯则是当代最有影响力的心理学家之一，也是我做报告时的主持人。重量级学者之间的电子邮件内容是什么？我的报告到底激起了什么样的思想革命呢？

该邮件里有一份食谱，索科洛在他的朋友圈里也发过。食谱提供了把烤鸡做得更美味的诀窍：多加点醋，并去除那些稀释醋味的香料。

现在，我们知道了为什么该建议是反直觉的，值得让索科洛不仅发到朋友圈里，还用电子邮件发出来。因为正如我们所看到的那样，我们人类忽视了一个非常强大的选择：我们不喜欢做减法。我们总是有一堆要做的事情，但从不考虑放弃一些事情。我们会为提高绩效制定激励措施，但不能摆脱阻碍我们实现目标的障碍。我们设立了新的法律，但过时的法律却没有废止。无论是要培养孩子的行为，还是在工作中设计好的方案，我们都会系统性地选择更多而不是更少。

当然，我希望这本书能够让你相信：减法具有强大的力量，能为你带来收获，同时也非常有趣。我从做减法的英雄那里得到启发和鼓舞，希望你也能和我一样。

我更大的愿望是，在你忘掉那些做减法的事例，甚至忘掉科学的细节之后，能从一个更清晰的视角来看待自己所处的世界。无论是烤鸡、待办事项清单，还是高速公路挡住了城市中最美丽的风景，我都希望你能想到曾经被你忽视的一些选择，并且努力地付诸实践。

后记

坚持做看得见的减法

我们一起走过了一段漫长的旅程，穿越了数百万年，跨过了众多科学的领域，共同面对了从收件箱到人类世的各种重负。一路走来，我们发现了强大的反对减法的力量。的确，进化可以成为我们在心理上有意识进行修剪的模型，“求多”的文化使口袋公园成为可能，而我们的经济体系则赋予了我们剥夺其权力的力量。但是，堆积如山的甲板上已经容不下减法的位置了。无论是积木、栅格还是文字，“少”总是让我们更难想象。即使我们确实考虑了减法，做加法的天性也会让我们像科利尔兄弟那样将东西囤积起来。展示能力的本能让我们建了更多无用的文件夹，修建神庙形成的文化让高速公路也变得神圣而不可动摇，现代社会对于“多”的追求，让我们无论在家里还是在工作安排上，都不停地在做加法。

看到这一切之后，我们便开始想到了减法。我们也是在发现并分享看得见的减法，对内容做了最精要的概括。一页的精要回顾能概括一整本书的内容吗？这不正是本书极力阐述的观点吗？

以下就是本书的内容精要。

思维反转：用加法前先尝试用减法。与鉴别分类一样，在你采取行动之前先去除那些细节。然后，一旦做好了改变的准备，就要先考虑做减法——像玩叠叠乐积木那样。请记住，我们现在知道了减少并不意味着损失，但这并不意味着你的受众和客户也会这样认为。所以，你可以把本书的信息传递给他们，但不要用“减法”这样的字眼，而要改成“清理”“切割”“揭开”这类表达，再加上改变和转换的内容。

拓展：既考虑加法，也考虑减法。大自然和林璎让我们看到，加法和减法是改变事物的两种互补的方法。有加法，就表明也可以有减法，而不是排斥减法。尝试探寻一个不同的自我吧！当父亲的可能会看见自行车设计者所看不见的；如果你挖掘不出更多的自我，找一名编辑来帮助你。别忘了扩大视野，看到“场”的存在，因为让行为停止和负数的存在并不是不可能的。此外，“场”就是压力所在，消除压力是改变系统的“好办法”。当然，减少种族主义而增加多样性是值得肯定的。

提炼：把关注点放在人的身上。自行车不能自己保持平衡，但蹒跚学步的幼儿可以。减至能激发出喜悦为止。整理带来乐趣，最佳体验的心理学也是如此。用你天生的感觉去认识相对差异。除掉一头猛犸象意味着比增加一头猛犸象更大的改变。拥抱复杂性，但要追求本质。忘记物体，记住其中的各种力，你就能通过力学考试。删减信息，积累智慧。

坚持：坚持做减法。你能让“减少”变成不容否认的事实吗？斯普林斯汀让《城市边缘的黑暗》给我们留下了更加深刻的印象。哥斯达黎加的碳中和引起了广泛的关注。齐普让一辆空的卡丁车变得有趣。不要忘记，你可以对减掉的东西重复利用，就像甜甜圈中间的空洞一样。减去一些内容，留下更宝贵的东西，就像苏、利奥还有埃莉诺那样。

我衷心地希望你能将本书的想法变成更美好的现实，无论是怎样的现实。对我来说更美好的现实是什么呢？我迫不及待地想向埃兹拉的妹妹展示乐高积木的新玩法了。

致谢

在此衷心感谢所有帮助我认识减法的人。为了找出这一问题的科学本质，加布朗埃勒·亚当斯、本·康弗斯，以及安迪·黑尔斯付出了大量的心血。我事业上最大的成就与他们的支持与配合密不可分。为了找出实践本质并深化科学理论，马戈·弗莱明以及 Brockman 公司的团队提供了很多点子和创意。还有书中提及的数以百计的思想家与实践者，他们给了我很大的启发，让我在科学与艺术方面的知识与技能得到了磨砺和提升，希望我也能借此机会将这一切传递给更多的读者。最后，还要感谢弗吉尼亚大学、美国国家科学基金会，以及每一位参与我们工作的同学。我能进行行为科学与设计的跨学科研究，与他们的支持是分不开的。

在此，我还要感谢所有帮助我分享减法的人。感谢梅根·豪泽和莎萨·墨菲，他们让本书（也让我）更简练且更具智慧。我对编辑的期望很高，而他们的帮助则远远超出了我的期望。感谢阿梅莉亚·波桑扎、凯瑟琳·图罗、鲍勃·米勒，以及 Flatiron 出版社相关团队的其他所有人，他们让我能自由地学习、思考和写作。感谢莫雷拉·埃尔南德斯、珍妮·赵、克里斯汀·莫斯克、卢卡·黄、特德·伯恩斯、埃文·内斯特拉克、戴夫·努斯鲍姆以及希瑟·克雷德勒，他们最早阅读了我的书稿，然后进行了讨论并做了删改。正是有了这样一支出色的团队，我的书稿才得到了最佳的提炼。最后，要感谢我的父母拉里·克洛茨和劳丽，以及我的妻子莫妮卡·帕特森。无论是刚生完孩子还是遭遇疫情，他们都给予了本书最热切的期待和关注。

注释

前言　减法的力量

[1] Richard F. Weingroff, "Federal-Aid Highway Act of 1956: Creating The Interstate System," *Public Roads* 60, no. 1 (1996).

[2] Charles Siegel, *Removing Freeways— Restoring Cities* (n.p.: Preservation Institute, 2007), ebook.

[3] Hai S. Lew, "Performance of Structures During the Loma Prieta Earthquake of October 17, 1989," NIST Special Publication, 778 (Gaithersburg, MD: National Institute of Standards and Technology, 1990).

[4] Gregory Wallace, "The 10 Most Expensive U.S. Earthquakes," CNN Business, August 25, 2014.

[5] Stephan Hastrup, "Battle for a Neighborhood," *Places* 18, no. 2 (2006): 66–71.

[6] "Embarcadero Freeway," Congress for the New Urbanism (CNU), https://www.cnu.org/what-we-do/build-great-places/embarcadero-freeway.

[7] Douglas Nims et al., "Collapse of the Cypress Street Viaduct as a Result of the Loma Prieta Earthquake," Earthquake Engineering Research Center, University of California, UCB/EERC 89/16 (Berkeley, CA, 1989).

[8] Mark A. Stein and Norma Kaufman, "Future of Embarcadero Freeway Divides San Francisco," *Los Angeles Times*, April 13, 1990.

[9] Siegel, *Removing Freeways*.

[10] "Resolution Endorsing the Concept of a Subsurface Freeway on the Embarcadero Subject to Conditions," *Journal of Proceedings, Board of Supervisors, City and County of San Francisco* 52, no. 1 (April 16, 1990), 405.

[11] Robert Cervero et al., "From Elevated Freeways to Surface Boulevards: Neighborhood and Housing Price Impacts in San Francisco," *Journal of Urbanism* 2, no. 1 (March 2009): 31–50.

[12] 同上。

[13] Bryan Goebel, "Bikeway on San Francisco's Embarcadero a Step Closer to Reality," KQED, July 24, 2014.

[14] Edward Epstein, "Ceremony Opens an Era of Optimism for S.F. Embarcadero," *SFGate*, June 17, 2000.

[15] Randy Shaw, "Sue Bierman: Neighborhood Activist Led Battles Against San Francisco's Runaway Development," *Beyond Chron*, August 9, 2006.

[16] International Longshore and Warehouse Union (ILWU), "Leo Robinson: ILWU Activist Led Anti-Apartheid Struggle," *Dispatcher*, January 30, 2013.

[17] Peter Cole, "No Justice, No Ships Get Loaded," *International Review of Social History* 58, no. 2 (August 2013): 185–217.

[18] 湾区自由南非运动，"Oakland: Divest Now!," 1985 flyer, http://www.freedomarchives.org/Documents/Finder/DOC54_scans/54.OaklandDivestNow.flyer.pdf。

[19] Robert Lindsey, California's Tough Line on Apartheid," *New York Times*, August 31, 1986.

[20] Nelson Mandela, June 30, 1990, Oakland-Alameda County Coliseum,

Oakland, CA.

[21] "Elinor Ostrom—Facts," Nobel Media AB, https://www.nobelprize.org/prizes/economic-sciences/2009/ostrom/lecture/.

[22] Garrett Hardin, "The Tragedy of the Commons," *Science* 162, no. 3859 (1968): 1243–48.

[23] Garrett Hardin, "Lifeboat Ethics: The Case Against Helping the Poor," *Psychology Today* 8 (1974): 38–43. 哈丁与他患有肌萎缩侧索硬化症的妻子在 80 多岁时双双自杀身亡。他们有 4 个子女，按照哈丁的救生艇伦理（该理论认为，国家是一个漂浮在大海上的救生艇，处于救生艇上的人们要想过上好生活，前提是要用道德约束个人的活动，以避免人口盲目增加），他们都安全地在救生艇上。

[24] Elinor Ostrom, *Governing the Commons: The Evolution of Institutions for Collective Action* (Cambridge, UK: Cambridge University Press, 1990).

[25] Elinor Ostrom, "Self-Governance and Forest Resource," Center for International Forestry Research, Occasional Paper no. 2 (February 1999): 1–19.

[26] Elinor Ostrom, *Crafting Institutions for Self-Governing Irrigation Systems* (San Francisco: Institute for Contemporary Studies and Center for Self-Governance, 1992).

[27] Paul Dragos Aligica and Ion Sterpan, "Governing the Fisheries: Insights from Elinor Ostrom's Work," in *Institutions and Policies*, ed. R. Wellings (London: Institute of Economic Affairs Monographs, 2017).

[28] National Research Council, *The Drama of the Commons* (Washington, D.C.: National Academies Press, 2002).

[29] Mary MacVean, "For Many People, Gathering Possessions Is Just the Stuff of Life," *Los Angeles Times*, March 21, 2014.

[30] "Reg Stats: Total Pages in the Code of Federal Regulations and the Federal

Register," GW Regulatory Studies Center, https://regulatorystudies.columbian.gwu.edu/reg-stats.

[31] National Research Council, *How People Learn: Brain, Mind, Experience, and School* (Washington, D.C.: National Academies Press, 2000).

[32] Matthew E. May, *In Pursuit of Elegance: Why the Best Ideas Have Something Missing* (New York: Broadway Books, 2010).

[33] Rory Stott, "Spotlight: Mies van der Rohe," *ArchDaily*, March 27, 2020. An architect, Ludwig Mies van der Rohe (1886–1969), adopted the motto "Less is more" to describe his aesthetic turned platitude.

[34] Cal Newport, *Digital Minimalism: Choosing a Focused Life in a Noisy World* (New York: Portfolio/Penguin, 2019).

[35] Jamie Oliver, *5 Ingredients: Quick & Easy Food* (New York: Flatiron Books, 2019).

[36] Marie Kondo, *The Life-Changing Magic of Tidying Up* (Berkeley, CA: Ten Speed Press, 2014).

[37] Ralph Waldo Emerson, *The Complete Works of Ralph Waldo Emerson: Miscellanies*, vol. XI (Cambridge, MA: Riverside Press, 1904), 164–66.

[38] William James, *The Principles of Psychology* (New York, NY: Henry Holt and Company, 1890).

[39] Renee Cho, "COVID-19's Long-Term Effects on Climate Change—For Better or Worse," State of the Planet, Earth Institute, Columbia University, online, June 25, 2020.

[40] Centers for Disease Control and Prevention, "COVID-19 Hospitalization and Death by Race/Ethnicity," Cases, Data & Surveillance, August 18, 2020.

[41] Rashawn Ray, "Why Are Blacks Dying at Higher Rates from COVID-19?," Brookings Institution, April 9, 2020.

第一章 “少”是一种更好的选择

[1] 仅建筑物产生的废气排放量就超过了机动车与飞机废气排放量的总和。参见：Our World in Data, “Greenhouse Gas Emissions by Sector, World, 2016,” https://ourworldindata.org/grapher/ghg-emissions-by-sector。

[2] Leidy Klotz et al., “Unintended Anchors: Building Rating Systems and Energy Performance Goals for U.S. Buildings,” *Energy Policy* 38, no. 7 (July 2010): 3557–66.

[3] Tripp Shealy et al., “Using Framing Effects to Inform More Sustainable Infrastructure Design Decisions,” *Journal of Construction Engineering and Management* 142, no. 9 (September 2016).

[4] Nora Harris et al., “How Exposure to “Role Model” Projects Can Lead to Decisions for More Sustainable Infrastructure,” *Nature Sustainability* 8, no. 130 (2016).

[5] Timothy Ferriss, *The 4-Hour Workweek* (London: Vermillion, 2010).

[6] Maya Itah, “Best 40-Under-40 Professor Gabrielle Adams,” *Poets&Quants,* February 12, 2014.

[7] Walter Mischel and Ebbe E. Ebbesen, “Attention in Delay of Gratification,” *Journal of Personality and Social Psychology* 16, no. 2 (1970): 329–37.

[8] Walter Mischel, *The Marshmallow Test: Mastering Self-Control* (Boston: Little, Brown, 2014).

[9] 我、亚当斯、本、安迪设想出一个场景后，研究助理就会帮我们实现这个场景。他们有时会在校园里的流动餐车旁摆上桌子，有时会在餐馆和酒吧里摆上桌子。然后，他们就会观察各行各业的人搭乐高积木并参与其他实验，同时详细记录下经过数千次迭代会出现什么样的场景。

[10] Annual Meeting of the Society for Experimental Social Psychology, Seattle, WA, October 4–6, 2018.

[11] Elke Weber, Princeton psychology professor after this talk: Leidy Klotz, "Saving Carbon Where Design Meets Psychology," David Bradford Energy and Environmental Policy Seminar Series, Princeton University, October 1, 2018.

[12] Michael I. Norton et al., "The IKEA Effect: When Labor Leads to Love," *Journal of Consumer Psychology* 22, no. 3 (July 2012): 453–60.

[13] Hal R. Arkes and Catherine Blumer, "The Psychology of Sunk Cost," *Organizational Behavior and Human Decision Processes* 25, no. 1 (February 1985): 124–40.

[14] Scott Eidelman et al., "The Existence Bias," *Journal of Personality and Social Psychology* 97, no. 5 (November 2009): 765–75.

[15] Daniel Kahneman and Amos Tversky, "An Analysis of Decision Under Risk," *Econometrica* 47, no. 2 (March 1979): 263–91.

[16] Allen Newell and Herbert A. Simon, *Human Problem Solving* (Englewood Cliffs, NJ: Prentice-Hall, 1972).

[17] Shelley E. Taylor et al., "Salience, Attention, and Attribution: Top of the Head Phenomena," *Advances in Experimental Social Psychology* 11 (1978): 249–88; see also E. Tory Higgins, "Knowledge Activation: Accessibility, Applicability, and Salience" in *Social Psychology: Handbook of Basic Principles,* ed. E. Tory Higgins and Arie W. Kruglanski (New York: Guilford Press, 1996).

[18] Matthew Jull, University of Virginia, after this talk: Leidy Klotz, "Design and Human Behavior," A Convergence Dialogue, UVA Environmental Resilience Institute, September 21, 2018.

[19] Anuh K.Shah et al., "Some Consequences of Having Too Little," *Science* 338 (November 2012): 682–85.

[20] Anandi Mani et al., "Poverty Impedes Cognitive Function," *Science* 341, no. 6149 (August 2013): 976–80.

[21] Gabe Adams et al. "Overlooking Subtractive Changes," *Nature* (2021).

第二章 人类做加法的本能

[1] Gerald Borgia, "Sexual Selection in Bowerbirds," *Scientific American* 254, no. 6 (June 1986): 92–100.

[2] Robert W. White, "Motivation Reconsidered: The Concept of Competence," *Psychological Review* 66, no. 5 (1959): 297–333.

[3] Albert Bandura, "Self-Efficacy: Toward a Unifying Theory of Behavioral Change," *Psychological Review* 84, no. 2 (March 1977): 191–215.

[4] 正如进化生物学家和作家理查德·道金斯称，"飞机或车辆由设计者本人，即工程师本人负责解释，但设计师也可以被解释为一种自然选择"。参见：Patrick Richmond, "Richard Dawkins' Darwinian Objection to Unexplained Complexity in God," *Science & Christian Belief* 19, no. 2 (2007): 101。

[5] Scott H., "Finding Your Inner Neanderthal," *23andMe Blog*, December 11, 2011. 有关当前版本包括主要同行评审文章引用等详细信息，参见："Robert P. Smith et al., "Neanderthal Ancestry Inference," 23andMe, white paper 23–05 (December 2015)。

[6] 这些变化的革命性程度还存在争议。参见：Richard G. Klein, "Anatomy, Behavior, and Modern Human Origins," *Journal of World Prehistory* 9, no. 2 (1995): 167–98。逐渐性观点出自：Sally McBrearty and Allison S. Brooks, "The Revolution That Wasn't: A New Interpretation of the Origin of Modern Human Behavior," *Journal of Human Evolution* 39, no. 5 (November 2000): 453–563。人类并不总是拥有这些技能。

[7] Thomas Wynn and Frederick L. Coolidge, "The Implications of the Working Memory for the Evolution of Modern Cognition," *International Journal of Evolutionary Biology* 741357 (2011): 1–12.

[8] Richard B. Lee and Richard Daly, *The Cambridge Encyclopedia of Hunters and Gatherers* (Cambridge, UK: Cambridge University Press, 1999).

[9] World Health Organization, "Obesity and Overweight," WHO Fact Sheets, April 1, 2020.

[10] William Bryk, "The Collyer Brothers," New York Sun, April 13, 2005. See also "The Collyer Mystery Solved— Langley Kept Faith with Brother to the End, Died Under Junk Near Him in Their 'Castle,'" *Pittsburgh Press*, April 9, 1947, 21. See also Frank Lidz, Ghostly Men: *The Strange but True Story of the Collyer Brothers, New York's Greatest Hoarders* (New York: Bloomsbury, 2003).

[11] "Weird Tales," *Reading Eagle*, August 7, 1942, 6.

[12] Stephanie D. Preston et al., *The Interdisciplinary Science of Consumption* (Cambridge, MA: MIT Press, 2014). 研究贫穷与水资源匮乏，以及人类行为与资源限制，本书是必读书。

[13] Stephanie D. Preston et al., "Investigating the Mechanisms of Hoarding from an Experimental Perspective," *Depression and Anxiety* 26 (2009): 425–37.

[14] Brian D. Vickers and Stephanie D. Preston, "The Economics of Hoarding," in *Oxford Library of Psychology: The Oxford Handbook of Hoarding and Acquiring* (Oxford, UK: Oxford University Press, 2014), 221–32.

[15] 直到 2013 年，囤积症才被正式列为一种疾病。所以，兰利一直没有接受正式诊断或治疗。See American Psychiatric Association, *Diagnostic and Statistical Manual of Mental Disorders, Fifth Edition (DSM-5)* (Washington, D.C.: American Psychiatric Press, 2013)。

[16] Stephanie D. Preston and Lucia F. Jacobs, "Conspecific Pilferage but Not Presence Affects Merriam's Kangaroo Rat Cache Strategy," *Behavioral Ecology* 12, no. 5 (September 2001): 517–23.

[17] Erin Keen-Rhinehart et al., "Psychological Mechanisms for Food-Hoarding Motivation in Animals," *Philosophical Transactions of the Royal Society of London. Series B, Biological Sciences* 365, no. 1542 (March 2010): 961–75.

[18] Nasir Naqvi et al., "The Role of Emotion in Decision Making: A Cognitive Neuroscience Perspective," *Current Directions in Psychological Science* 15, no. 5 (October 2006). See also John P. O'Doherty, "Reward Representations and Reward-Related Learning in the Human Brain: Insights from Neuroimaging," *Current Opinion in Neurobiology* 14, no. 6 (December 2004): 769–76. See also Wolfram Schultz et al., "Reward Processing in Primate Orbitofrontal Cortex and Basal Ganglia," *Cerebral Cortex* 10, no. 3 (2000): 272–83.

[19] Ming Hsu et al., "Neural Systems Responding to Degrees of Uncertainty in Human Decision-Making," Science 310, no. 5754 (December 2005): 1680–83. See also Brian Knutson et al., "Neural Predictors of Purchases," *Neuron* 53, no. 1 (January 2007): 147–56. See also Steven W. Anderson et al., "A Neural Basis for Collecting Behaviour in Humans," Brain 128 (2005): 201–12. See also Ian Q. Whishaw and Rick A. Kornelsen, "Two Types of Motivation Revealed by Ibotenic Acid Nucleus Accumbens Lesions: Dissociation of Food Carrying and Hoarding and the Role of Primary and Incentive Motivation," *Behavioural Brain Research* 55, no. 2 (1993): 283–95.

[20] Daria J. Kuss and Mark D. Griffiths, "Internet and Gaming Addiction: A Systematic Literature Review of Neuroimaging Studies," *Brain Science* 2,

no. 3 (September 2012): 347–74.

[21] “Hoarding Disorder,” Mayo Clinic, February 3, 2018, https://www.mayoclinic.org/diseases-conditions/hoarding-disorder/diagnosis-treatment/drc-20356062.

[22] Elizabeth S. Spelke, “Nature, Nurture, and Development,” in *Handbook of Perception and Cognition: Perception and Cognition at Century's End*, 2nd ed. (San Diego, CA: Academic Press, 1998), 333–371.

[23] Camilla K. Gilmore et al., “Symbolic Arithmetic Knowledge Without Instruction,” *Nature* 447, no. 31 (May 2007): 589–91.

[24] 如果按概率推算的话，这些孩子得出正确答案的机概率只有一半。但事实上，他们的正确率远不止二分之一，而是接近四分之三。

[25] Gilmore et al., “Symbolic Arithmetic.”

[26] Stanislas Dehaene, The Number Sense: How the Mind Creates Mathematics (Oxford, UK: Oxford University Press, 1997).

[27] 同上，28。

[28] 脑角回和枕内沟的水平部分。参见：Wim Fias et al., “Processing of Abstract Ordinal Knowledge in the Horizontal Segment of the Intraparietal Sulcus,” *Journal of Neuroscience* 27, no. 33 (August 2007): 8952–56。也可参见：Mohamed L. Seghier, “The Angular Gyrus: Multiple Functions and Multiple Subdivisions,” *Neuroscientist* 19, no. 1 (February 2013): 43–61。

[29] 列彭波骨（Lebombo Bone）是已知最早的数学文物之一，可追溯到大约4万年前，为狒狒的腓骨，有29个凹槽。参见：Johanna Pejlare and Kajsa Brating, “Wring the History of Mathematics: Interpretations of the Mathematics of the Past and Its Relation to the Mathematics of Today,” in *Handbook of the Mathematics of the Arts and Sciences* (Switzerland: Springer Nature, 2019)。

[30] Editors of the Encyclopedia Britannica, "Weber's Law," *Encyclopedia Britannica*, January 31, 2020.

[31] Blaise Pascal, *Pascal's Pensées* (New York: E. P. Dutton, 1958).

[32] Lisa Hefendehl-Hebeker, "Negative Numbers: Obstacles in Their Evolution from Intuitive to Intellectual Constructs," *For the Learning* of *Mathematics* 11, no. 1 (February 1991): 26–32.

[33] Edward M. Hubbard et al., "Interactions Between Number and Space in Parietal Cortex," *Nature Reviews Neuroscience* 6 (June 2005): 435–48.

[34] William Andrefsky Jr., *Lithics: Macroscopic Approaches to Analysis*, 2nd ed., Cambridge Manuals in Archaeology (Cambridge, UK: Cambridge University Press: 2005).

[35] K. Kris Hirst, "Levallois Technique— Middle Paleolithic Stone Tool Working: Advanced in Human Stone Tool Technology," ThoughtCo, May 30, 2019.

[36] Understanding Evolution Team, "Welcome to Evolution 101!," Understanding Evolution, https:// evolution.berkeley.edu/evolibrary/article/evo_01.

[37] Keely Clinton, "Average Cranium / Brain Size of Homo neanderthalensis vs. Homo sapiens," Montague Cobb Research Lab, Howard University, December 24, 2015. 也可参见：Bridget Alex, "Neanderthal Brains: Bigger, Not Necessarily Better," *Discover Magazine*, September 21, 2018。

[38] Christopher Wanjek, "Sleep Shrinks the Brain—and That's a Good Thing," *LiveScience*, February 3, 2017.

[39] Katrin Kierdorf and Marco Prinz, "Microglia in Steady State," *Journal of Clinical Investigation* 127, no. 9 (September 2017): 3201–9.

第三章 加法带来文明，文明带来累积

[1] Joshua J. Mark, "Daily Life in Ancient Mesopotamia," *Ancient History Encyclopedia*, April 15, 2014.

[2] Antoine de Saint-Exupéry, trans. Lewis Galantiere, *Wind, Sand and Stars* (New York: Houghton Mifflin Harcourt, 1967).

[3] Peter J. Richerson and Robert Boyd, *Not by Genes Alone: How Culture Transformed Human Evolution* (Chicago: University of Chicago Press, 2005).

[4] 当然，行为的文化原因与生物学原因是交织在一起的。城市和由此产生的文化最先出现，是因为合作有助于人们传递他们的基因。这种关系也会朝着另一个方向发展。一些文化适应可以改变人类的基因库，就像来自俄罗斯大草原的骑着马的入侵者，打败了城市里没有骑马的守卫者那样。

[5] 在社会学家刘易斯·芒福德开拓性的著作《城市发展史——起源、演变和前景》（1961）中，他认为城市"能通过象征性的形式和人类模式来传递一种具有代表性的文化"。见证集体行为，包括各种转型，不仅是城市偶然所为，也是它们成为城市的原因。

[6] George E. Stuart, "Coba," in *The Oxford Encyclopedia of Mesoamerican Cultures*, ed. Davíd Carrasco (Oxford, UK: Oxford University Press, 2001).

[7] Bruce G. Trigger, "Monumental Architecture: A Thermodynamic Explanation of Symbolic Behavior," *World Archaeology* 22, no. 2 (October 1990): 119.

[8] U.S. Census Bureau, *1830 Census: Abstract of the Returns of the Fifth Census* (Washington, D.C.: Duff Green, 1832).

[9] Smithsonian Institution Research Information System, "Washington Monument," *Inventory of American Sculpture*, IAS 75006044.

[10] 罗伯特·米尔斯毫无争议地赢得了这场设计大赛，因此在相邻的巴尔的

摩的纪念碑也是他设计的。

[11] 从 1836 年的 1600 万人增长至 1883 年的 6140 万人，参见：Max Roser, Hannah Ritchie, and Esteban Ortiz-Ospina, “World Population Growth,” Our World in Data, https://ourworldindata.org/world-population-growth。

[12] Andrew Curry, “Gobekli Tepe: The World’s First Temple?” *Smithsonian Magazine*, November 2008.

[13] 最高的柱子高 16 英尺（约 5 米），重 7~10 吨；根据《国家地理》数据，长颈鹿高度为 14~19 英尺（4~5.8 米），体重超过 1750 英磅（约合 0.794 吨）。参见：The tallest pillars are sixteen feet weighing 7–10 tons, while giraffes are fourteen to nineteen feet and over 1,750 pounds according to “Giraffe,” *National Geographic*, https://www.nationalgeographic.com/animals/mammals/g/giraffe/。

[14] “Zuerst Kam Der Tempel, Dann Die Stadt,” *Istanbuler Mitteilungen* 50 (2000): 5–41.

[15] 例如，斯坦福大学人类学教授伊恩 · 霍德在其他地方也指导过挖掘工作。他指出：“哥贝克力改变了一切。”这处的遗址精致且复杂，产生于前农业时代。参见：Nicholas Birch, “Oldest Temple on Earth Discovered in Turkey,” *Eurasianet*, May 5, 2008。

[16] 早期跨学科观点，参见：Robin Dunbar et al., *The Evolution of Culture* (New Brunswick, NJ: Rutgers University Press, 1999).

[17] Robin Dunbar et al., *Social Brain, Disturbed Mind* (Oxford, UK: Proceedings of the British Academy, 2010).

[18] Hazel Rose Markus and Alana Conner, *Clash!: How to Thrive in a Multicultural World* (New York: Plume, 2014).

[19] 马库斯发表过数百篇论文，被引用的次数超过十万次。

[20] Hazel R. Markus and Shinobu Kitayama, “Culture and the Self: Implications

for Cognition, Emotion, and Motivation," *Psychological Review* 98, no. 2 (April 1991): 224–53.

[21] Bill Reiche, "How Do You Know Which Way is Up?," *Popular Science*, December 1950, 109–13.

[22] Developed by Herman A. Witkin et al., *Psychological Differentiation* (New York: John Wiley & Sons, 1962).

[23] Solomon E. Asch and Herman A. Witkin, "Studies in Space Orientation I–IV," *Journal of Experimental Psychology*, 1948.

[24] Herman A. Witkin, "Individual Differences in Ease of Perception of Embedded Figures," *Journal of Personality* 19, no. 1 (1950), the same as tiltable room Witkin.

[25] Mutsumi Imai and Dedre Gentner, "A Cross-Linguistic Study of Early Word Meaning: Universal Ontology and Linguistic Influence," *Cognition* 62 (1997): 169–200.

[26] Thomas D. Wilson, *The Oglethorpe Plan: Enlightenment Design in Savannah and Beyond* (Charlottesville, VA: University of Virginia Press, 2012).

[27] American Society of Planning Officials (ASPO), "Vest Pocket Parks," Information Report No. 229 (Chicago, December 1967).

[28] "Collyer Brothers Park," NYC Parks, https://www.nycgovparks.org/about/history/historical-signs/listings?id=7845.

[29] ASPO, "Vest Pocket Parks" .

[30] "Designer of the Vietnam Veterans Memorial: Maya Lin," Vietnam Veterans Memorial Fund, https://www.vvmf.org/About-The-Wall/history-of-the-vietnam-veterans-memorial/Maya-Lin/.

[31] Maya Lin, *Smithsonian Magazine*, August 1996.

[32] Maya Lin, "Making the Memorial," *New York Review of Books*,

November 2, 2000.

[33] 同上。

[34] 同上。

[35] Bill Moyers, "Public Affairs Television 'Becoming American' Interview with Maya Lin," PBS, https://www.pbs.org/becomingamerican/ap_pjourneys_transcript5.html.

[36] 除了马库斯的《冲突！》，还可阅读：Richard Nisbett, *The Geography of Thought: How Asians and Westerners Think Differently . . . and Why* (New York: Free Press, 2003)。该书用平实的语言对文化心理学的研究进行了很好的阐释和总结。

[37] 美国陶瓷协会在 1931 的年会上认可了她的这一发明。参见："Anna Wagner Keichline: Bellefonte Architect," Bellefonte Historical and Cultural Association, http://www.bellefontearts.org/local_history_files/local_hist2_new.htm。

[38] T. Wayne Waters, "Renaissance Woman Anna Keichline," *Town&Gown*, March 2, 2015. 凯奇琳曾写道，她的建筑师背景使她适合从事这类工作，但"如果你给我一些更困难或更危险的工作，我也乐于接受"。

[39] Anna M. Lewis, *Women of Steel and Stone: 22 Inspirational Architects, Engineers, and Landscape Designers* (Chicago: Review Press, 2014).

[40] Anna Keichline, "Modern Wall Construction," *Clay Worker*, June 1, 1932.

[41] Nisbett, *The Geography of Thought*.

[42] Usha Menon and Richard A. Shweder, "Kali's Tongue: Cultural Psychology and the Power of Shame in Orissa, India," in *Emotion and Culture: Empirical Studies of Mutual Influence* (Washington, D.C.: American Psychological Association, 1994).

[43] Chris Dixon, "How Aristotle Created the Computer," *Atlantic*,

March 20, 2017.

[44] Bruce Johnston, "Colosseum Built with Loot from Sack of Jerusalem Temple," *Telegraph*, June 15, 2001.

[45]《出埃及记》(22：25)，英王詹姆斯钦定本将高利贷定义为对贫穷者的一种剥削。参见：Peter Russell, "Usury—the Root of All Evil?," Spirit of Now, https://www.peterrussell.com/SP/Usury.php. See also Fordham University Center for Medieval Studies, "Medieval Sourcebook: Thomas Aquinas: On Usury, c. 1269–71," and "The Prophet Muhammad's Last Sermon," Internet History Sourcebooks Project, January 2, 2020. See also Bhikkhu Bodhi, "Right Speech, Right Action, Right Livelihood (*Samma Vaca, Samma Kammanta, Samma Ajiva*)," in *The Noble Eightfold Path: The Way to End Suffering* (Onalaska, WA: Buddhist Publication Society Pariyatti Editions, 1994)。

[46] Robert L. Heilbroner, The *Worldly Philosophers: The Lives, Times, and Ideas of the Great Economic Thinkers* (New York: Touchstone, 1999).

第四章　时间、金钱与崇尚加法的现代社会

[1] Dieter Rams, *Less but Better* (New York: Gestalten, 2014).

[2] George Whitesides, "Toward a Science of Simplicity," TED video, 17:46, https://www.ted.com/talks/george_whitesides_toward_a_science_of_simplicity.

[3] George Carlin, "George Carlin Talks About 'Stuff'," YouTube video, 5:10, posted by Tony Gustafsson, May 9, 2012, https://www.youtube.com/watch?v=4x_QkGPCL18.

[4] Harry S. Truman, inaugural address, January 20, 1949, in *Inaugural Addresses of the Presidents of the United States* (Washington, D.C.:

Government Printing Office, 1989).

[5] 同上。

[6] 越来越多的人在讨论如何将这一利他的动机发展为全球性的政策。1944年的布雷顿森林会议也就此展开讨论，该会议确立了二战后的国际货币体系。然而在杜鲁门发表演讲前，没有人想到过这一点。

[7] 《以西结书》(18：13)："向借钱的弟兄取利，向借粮的弟兄多要，这人岂能存活呢？他必不能存活，他行这一切可憎的事，必要死亡，他的罪必归到他身上。"

[8] Steve H. Hanke, "A Great Depression," *Globe Asia*, December 2008.

[9] John Maynard Keynes, *The Essential Keynes*, ed. Robert Skidelsky (New York: Penguin Books, 2015).

[10] 例如，美国第79届国会第304次会议确立的《1946年就业法》就致力于实现"就业率、生产力、购买力最大化"。

[11] "GDP per Capita, 1870 to 2016," Our World in Data,https://ourworldindata.org/economic-growth.

[12] "Life Expectancy, 1770 to 2015," Our World in Data, https://ourworldindata.org/life-expectancy.

[13] "Literate and Illiterate World Population," Our World in Data, https://ourworldindata.org/literacy.

[14] "World Poverty Clock," World Data Lab, https://worldpoverty.io/.

[15] Lynn Stuart Parramore, "Why a Medieval Peasant Got More Vacation Time Than You," Reuters, August 29, 2013.

[16] Tim Kreider, "The 'Busy' Trap," *New York Times,* June 30, 2012.

[17] Jim Collins, *Good to Great: Why Some Companies Make the Leap and Others Don't* (New York: HarperCollins, 2011).

[18] Leslie A. Perlow, "The Time Famine: Toward a Sociology of Work Time,"

Administrative Science Quarterly 44, no. 1 (1999): 57–81.

[19] 这些工程师当时正在为办公室的廉价彩色激光打印机开发软件。

[10] Tracy Kidder, *The Soul of a New Machine* (New York: Avon, 1982). 也可参见：Fred Moody, *I Sing the Body Electronic: A Year with Microsoft on the Multimedia Frontier* (New York: Viking, 1995). G. Pascal Zachary, *Show Stopper!: The Breakneck Race to Create Windows NT and the Next Generation at Microsoft* (New York: Free Press, 1994).

[21] Leslie A. Perlow, "Boundary Control: The Social Ordering of Work and Family Time in a High-Tech Corporation," *Administrative Science Quarterly* 43, no. 2 (1998): 328–57.

[22] Other tips are in Leslie A. Perlow, *Sleeping with Your Smartphone: How to Break the 24/7 Habit and Change the Way You Work* (Boston, MA: Harvard Business School Publishing Corporation, 2012), and Leslie A. Perlow and Jessica L. Porter, "Making Time Off Predictable—and Required," *Harvard Business Review* 87, no. 10 (2009):102–9.

[23] Leonard Wong and Stephen J. Gerras, "Lying to Ourselves: Dishonesty in the Army Profession" (Carlisle, PA: Strategic Studies Institute, United States Army War College, February 2015).

[24] Leonard Wong, "Stifled Innovation? Developing Tomorrow's Leaders Today" (Carlisle, PA: Strategic Studies Institute, United States Army War College, April 2012).

[25] "Total Pages in the Code of Federal Regulations and the Federal Register," Regulatory Studies Center, George Washington University, https://regulatorystudies.columbian.gwu.edu/reg-stats.

[26] 作为一项联邦法案，1970 年颁布的《清洁空气法案》对气体排放的所有来源进行了管控。

[27] Barack Obama, "Remarks by the President in State of the Union Address," White House, Office of the Press Secretary, January 24, 2012.

[28] "Executive Order 13563—Improving Regulation and Regulatory Review," White House, Office of the Press Secretary, January 18, 2011.

[29] "Milk Exemption under the SPCC Rule," Environmental Protection Agency (EPA), https://www.epa.gov/oil-spills-prevention-and-preparedness-regulations/milk-exemption-under-spcc-rule.

[30] "EPA Updates SPCC Regulation to Exclude Milk and Milk Products / Updated Rule in Keeping with President's Executive Order on Regulatory Reform," EPA Press Office, April 12, 2011.

[31] "Administrator Lisa P. Jackson, Testimony Before the U.S. House Committee on Agriculture," EPA Press Office, March 3, 2011. 杰克逊指出："最后要说明的是，有人认为环保署有意要把倒掉的牛奶归为油类污染物，这种想法是错误的。相反，环保署提出要免除对牛奶和奶制品容器的收费，这一提议即将得到落实。之所以要把这项提议写进法律，是因为国会通过的法律覆盖面广，足以涉及对牛奶容器的规定。正是由于我们与乳制品行业的努力，环保署才提出要免除收费，让法律标准更符合常识。环保署所做的一切都是为了这一目标，我们也期待新法规不久之后就能得到落实。"

[32] "Administrator Lisa P. Jackson, Testimony Before the U.S. House Committee on Agriculture," 2011. 它表示将有可能每年为"牛奶和乳制品行业省下超过 1.4 亿美元"。有关内容的深度报道请参见：Cass R. Sunstein, *Simpler: The Future of Government* (New York: Simon & Schuster, 2013). 预计将在 5 年内节省 7 亿美元。

[33] John Morreall, *The Philosophy of Laughter and Humor* (Albany, NY: SUNY Press, 1986), explains incongruity theory.

[34] “Surfer Bitten by Shark: ‘I Just Feel Really, Really, Lucky,’” *Hawaii News Now,* March 23, 2006. See also Eloise Aguiar, “North Shore Surfer Survives Shark Bite,” *Honolulu Advertiser,* March 24, 2006.

[35] Hal E. Hershfield et al., “People Who Choose Time Over Money Are Happier,” *Social Psychological and Personality Science* 7, no. 7 (May 2016).

[36] Ashley V. Whillans et al., “Buying Time Promotes Happiness,” *Proceedings of the National Academy of Sciences* (July 2017).

[37] 同上。受访者被问及以下问题：“综合考虑所有因素，你觉得自己幸福程度有多高？ 0 = 毫无幸福可言，10 = 无比幸福。”“如果将生活视作一架向上延伸的梯子，你认为自己目前处于梯子的哪一层？ 0 = 最底层，10 = 最高层。”

[38] Drake Baer, “This Dad Built a $10 Million Business by Reinventing the Bicycle,” *Business Insider,* May 20, 2014.

[39] “Leading Athletic Apparel, Accessories and Footwear Companies Worldwide in 2020, by Sales (in Million U.S. Dollars),” Statista, https://www.statista.com/statistics/900271/leading-sportswear-and-performance-wear-companies-by-sales-worldwide/.

[40] “A Brief History of Nike Air,” Nike News, March 18, 2019.

[41] Tess Reidy, “Nike’s Iconic Air Max Trainer Celebrates 25th Anniversary with Tinker Hatfield,” *Guardian,* December 14, 2013.

[42] See Google Patents, https://patents.google.com/.

[43] Katelyn Stenger, Clara Na, and Leidy Klotz, “Less Is More? In U.S. Patents, Design Transformations That Add Occur More Often Than Those That Subtract,” Ninth International Conference on Design Computing and Cognition, July 2020. 9 个加法的同义词是：增加、附加、增大、加强、覆盖、连接、接合、多和强化。9 个减法的同义词是：减少、分离、不

含、更少、限制、不、去除、简化和无。

[44] “Inventor’s Story,” Strider, https:// www.striderph.com/about.

[45] 同上。

[46] 杜鲁门就职演说。

第五章　思维反转：找到减法，分享减法

[1] “If I Had More Time, I Would Have Written a Shorter Letter,” Quote Investigator, https://quoteinvestigator.com/2012/04/28/shorter-letter/.

[2] “The Epistle to the Reader,” in *The Works of John Locke Esq.*, vol. 1 (London: John Churchill and Sam. Manship, 1714).

[3] Herbert A. Simon, “Rational Choice and the Structure of the Environment,” *Psychological Review* 63, no. 2 (1956): 129–38. See also Herbert A. Simon, *Administrative Behavior: A Study of Decision-Making Processes in Administrative Organization* (New York: Macmillan, 1947).

[4] Joshua Yaffa, “The Information Sage,” *Washington Monthly*, May/June 2011.

[5] Edward Tufte, *The Visual Display of Quantitative Information*, 2nd ed. (Cheshire, CT: Graphic Press, 2001).

[6] Ibid., 105.

[7] Adam Ashton, “Tufte’s Invisible Yet Ubiquitous Influence,” *Bloomberg*, June 10, 2009.

[8] Deborah Shapley, “The Da Vinci of Data,” *New York Times*, March 30, 1998.

[9] “Lexington, Kentucky Population 2020,” World Population Review, https://worldpopulationreview.com/us-cities/lexington-ky-population.

[10] Terry Foody, *The Pie Seller, The Drunk, and the Lady: Heroes of the 1833 Cholera Epidemic in Lexington, Kentucky* (n.p.: Terry Foody, 2014), 描述了当列克星敦市地下流淌的溪流涌进城市而造成泛滥，威廉姆 · 所罗门通

过收拾城市里的烂摊子而成为当地人眼中的英雄。所罗门经常喝威士忌把自己灌醉，这样降低了他感染霍乱的风险。希尔则与美国陆军中尉杰斐逊·戴维斯一起工作，后者后来成为美国南方联盟的“总统”。也可参见：“Solomon, William ‘King’,” Lexington History Museum, http://lexhistory.org/wikilex/solomon-william-king.

[11] 在经历了霍乱之后，列克星敦市民日益忧心，将镇支溪视为危害公共健康的一大威胁。尽管存在这种担忧，但城市还在继续发展，甚至当列克星敦市着手修建铁路时，也是沿着溪流修建的，这又提升了周边的土地价值。随着依靠镇支溪开展的活动越来越多，镇支溪洪水泛滥的问题不仅造成疾病肆虐，还扰乱了商业和交通秩序。

[12] “Town Branch Commons, Lexington, KY,” SCAPE, https://www.scapestudio.com/projects/reviving-town-branch/.

[13] Wallace J. Nichols, *Blue Mind: The Surprising Science That Shows How Being Near, In, On, or Under Water Can Make You Happier, Healthier, More Connected, and Better at What You Do* (Boston: Little, Brown, 2014).

[14] Larissa Zimberoff, “Minetta Brook: A Lost River Under the Streets of Manhattan,” *Untapped New York*, July 24, 2012.

[15] Joel Pomerantz, Seep City, http://www.seepcity.org.

[16] Paul Smith, “Hemingway's Early Manuscripts: The Theory and Practice of Omission,” *Journal of Modern Literature* 10, no. 2 (1983): 268–88.

[17] Ernest Hemingway, *A Moveable Feast* (New York: Scribner's, 1964). 海明威解释说：“我把《禁捕季节》的真正结局，即老人上吊自杀身亡的这一幕给省略了，这正是基于我提出的新理论而省略的。”

[18] Daniel Oppenheimer, “Consequences of Erudite Vernacular Utilized Irrespective of Necessity: Problems with Using Long Words Needlessly,” *Applied Cognitive Psychology* 20 (2006): 139–56.

[19] William Strunk Jr. and E. B. White, *The Elements of Style*, 4th ed. (London: Pearson, 1999).

[20] Sam Roberts, "*The Elements of Style* Turns 50," *New York Times*, April 21, 2009.

[21] "Most Frequently Assigned Titles," Open Syllabus, https://opensyllabus.org/, showing *The Elements of Style* is the most frequently assigned text in U.S. academic syllabi (as of September 2020).

[22] Strunk Jr. and White, *The Elements of Style*.

[23] 当对其他人的总结进行校订时，有 28% 的参与者会运用减法；当对自己的总结进行校订时，只有 14% 的参与者会运用减法。参见：Gabe Adams et al., "Overlooking Subtractive Changes," *Nature* (2021)。

[24] Caren M. Rotello and Evan Heit, "Modeling the Effects of Argument Length and Validity on Inductive and Deductive Reasoning," *Journal of Experimental Psychology: Learning, Memory, and Cognition* 35, no. 5 (September 2009): 1317–30.

[25] "Admissions: Apply," Harvard University Graduate School of Design, https://www.gsd.harvard.edu/admissions/apply/(as of September 2020).

[26] Bruce Springsteen, *Born to Run* (New York: Simon & Schuster, 2016).

[27] 同上，264。

[28] 曼弗雷德·曼的地球乐队就是翻唱了斯普林斯汀的《炫目之光》而拿到了单曲排行榜的第一名。

[29] Dave Marsh, "Darkness on the Edge of Town," *Rolling Stone*, July 27, 1978. 摇滚音乐评论家戴夫·马什还写了好几本关于斯普林斯汀的传记。

[30] "Albums and Tracks of the Year: 1978," *NME*, October 10, 2016.

[31] "Bruce Springsteen Tour Statistics: Songs Played Total," Setlist.fm, https://www.setlist.fm/stats/bruce-springsteen-2bd6dcce.html.

[32] Adrian Higgins, "For the First Time, MacArthur Foundation has Given 'Genius' Award to a Landscape Architect," *Washington Post*, October 18, 2017.

[33] Christopher Y. Olivola, "The Interpersonal Sunk-Cost Effect," *Psychological Science* 29, no. 7 (2018): 1072–83.

[34] 当修改的是自己写的文章时，只有 14% 的参与者删减了文字，使文章更加精练。但如果修改的是别人的文章，则有 28% 的参与者对文章进行删减。更多细节参见：Adams et al., "Overlooking Subtractive Changes." TK。

[35] Marie Kondo, *The Life-Changing Magic of Tidying Up* (Berkeley, CA: Ten Speed Press, 2014).

[36] *Tidying Up with Marie Kondo* (Los Gatos, CA: Netflix, 2019).

[37] Marie Kondo, *Spark Joy: An Illustrated Master Class on the Art of Organizing and Tidying Up* (Berkeley, CA: Ten Speed Press, 2016).

[38] Albert Bandura, *Self-Efficacy*: The Exercise of Control (New York: W. H. Freeman, 1997). See also "Information on Self-Efficacy, A Community of Scholars," University of Kentucky, https://www.uky.edu/~eushe2/Pajares/selfefficacy.html. See also James E. Maddux, "Self- Efficacy: The Power of Believing You Can" in *The Oxford Handbook of Positive Psychology*, 2nd ed. (Oxford Handbooks Online, September 2012).

[39] Mihaly Csikszentmihalyi, *Finding Flow: The Psychology of Engagement with Everyday Life* (New York: Basic Books, 1997).

[40] Hardeep Phull, "Springsteen Hasn't Done a Day's Work Since His Teens," *New York Post*, April 29, 2017.

[41] Mark Zachary and Charlotte Thralls, "Cross-Disciplinary Exchanges," *Technical Communication Quarterly* 13, no. 4 (2004): 447–62.

[42] Kurt Lewin, *Field Theory in Social Science: Selected Theoretical Papers*,

ed. Dorwin Cartwright (New York: Harpers, 1951). 也可参见：Kurt Lewin, "Need, Force and Valence in Psychological Fields," in *Classic Contributions to Social Psychology* (London: Oxford University Press, 1972).

[43] Saif M. Mohammad and Peter D. Turney, "Crowdsourcing a Word-Emotion Association Lexicon," *Computational Intelligence* 29, no. 3 (2013): 436–65. See also Saif M. Mohammad and Peter D. Turney, "Emotions Evoked by Common Words and Phrases: Using Mechanical Turk to Create an Emotion Lexicon," NAACL-HLT Conference, January 2010.

[44] Kate Orff et al., "The Deep Section: Karst Urbanism in Town Branch Commons," *Oz* 37, no. 9 (2015). 他们"计划采取一系列措施实现城市规划的目标：移除覆盖在镇支溪河水之上的遮盖物；将镇支溪河道清理干净，使其具备生态发展的可行性，以及河流航道的安全性；把镇支溪分段治理，以契合市中心的地形特征，与市中心的布局融为一体；与此同时，将列克星敦市的镇支溪与相邻的地区，即这条河的上游区域连接起来"。

[45] Amos Tversky and Daniel Kahneman, "Prospect Theory: An Analysis of Decision Under Risk," *Econometrica* 47 (1979): 263–91.

[46] 阿莫斯 · 特沃斯基已于 1996 年逝世。

[47] Daniel Kahneman, *Thinking, Fast and Slow* (New York: Farrar, Straus and Giroux, 2011).

[48] Michael Lewis, *The Undoing Project: A Friendship That Change Our Minds* (New York: W. W. Norton, 2016).

[49] Daniel Kahneman et al., "Experimental Tests of the Endowment Effect and the Coase Theorem," *Journal of Political Economy* 98, no. 6 (December 1990): 1325–48.

[50] 赫伯特 · 西蒙的一些发现难道就不能解释这些差异吗？或许这些学生只

是不想为了买一支铅笔就起身离开座位而已，或许他们较为害羞，不愿为了买一支铅笔去和其他人交流。卡尼曼和他的团队也做了这样的实验，彻底排除了这种解释。只不过在实验中，他们使用了一些像钱币一样的物品作为代币而不是咖啡杯，学生们可以在放学前兑换所得的代币。代币和咖啡杯一样需要通过参与者的行为和对话来进行交易，但代币仅仅在课堂实验中有价值，因此参与者对代币的支付意愿和出售意愿是相同的。

[51] Alan Silberberg et al., "On Loss Aversion in Capuchin Monkeys," *Journal of the Experimental Analysis of Behavior* 89, no. 2 (March 2008): 145–55.

[52] Sabrina M. Tom et al., "The Neural Basis of Loss Aversion in Decision-Making Under Risk," *Science* 315, no. 5811 (January 2007): 515–18. See also Ben Seymour et al., "Differential Encoding of Losses and Gains in the Human Striatum," *Journal of Neuroscience* 27, no. 18 (May 2007): 4826–31.

[53] Kate Orff, *Toward an Urban Ecology* (New York: Monacelli Press, 2016).

第六章 减法清单：用减法改变系统

[1] Dave Marsh and James Bernard, *New Book of Rock Lists* (New York: Fireside, 1994).

[2] "The Sharpeville Massacre, 1960," Divestment for Humanity: The Anti-Apartheid Movement at the University of Michigan, https://michismintheworld.history.lsa.umich.edu/antiapartheid/.

[3] 联合国安全理事会 1963 年通过了第 181 号决议，呼吁各成员国采取自愿行动，停止向南非出售和运输所有弹药和军用车辆（这一决议在 1977 年成为一项强制性决议，即第 418 号决议）。

[4] Ibram X. Kendi, *How to Be an Antiracist* (New York: One World, 2019).

[5] Kurt Koff ka, *Principles of Gestalt Psychology* (London: Routledge, 1935).

[6] Kurt Lewin, *Field Theory in Social Science: Selected Theoretical Papers,* ed. Dorwin Cartwright (New York: Harpers, 1951).

[7] 勒温还帮助创建了社会问题心理学研究学会（SPSSI），这个学会至今仍然存在。该学会旨在鼓励研究那些与现代社会、经济和政治决策以及相关的心理问题，以帮助公众及其代表在政策制定过程中理解并运用人类行为科学的研究成果。

[8] "Making the Invisible Visible: Transformative Research and Social Action," SPSSI 2020 Summer Conference, Denver, Colorado, June 26–28, 2020.

[9] Stephen Dubner, "How to Launch a Behavior-Change Revolution," *Freakonomics Radio*, episode 306, produced by Stephen J. Dubner, 47:53.

[10] Russell A. Dewey, "Gestalt Psychology," in *Psychology: An Introduction*, https://www.psywww.com/intropsych/.

[11] Dietrich Braess, "On a Paradox of Traffic Planning," *Transportation Science* 39, no. 4 (November 2005): 443–556.

[12] Richard Steinberg and Willard I. Zangwill, "The Prevalence of Braess' Paradox," *Transportation Science* 17, no. 3 (August 1983): 239–360.

[13] Joel E. Cohen and Paul Horowitz, "Paradoxical Behaviour of Mechanical and Electrical Networks," *Nature* 352 (1991): 699–701.

[14] Sagra Sahasrabudhe and Adilson E. Motter, "Rescuing Ecosystems from Extinction Cascades Through Compensatory Perturbations," *Nature Communications* 2, no. 170 (January 2011): 1–8.

[15] "2019 Patriot League Men's Soccer Record Book," Patriot League, https://patriotleague.org/sports/2016/6/13/sports-m-soccer-archive-patr-m-soccer-archive-html.aspx.

[16] "Elizabeth: Dr. Albert Einstein School (aka #29)," State of New Jersey Schools Development Authority, https://www.njsda.gov/NJSDA/

ProjectSchoolDetails/SchoolGrantDetails?vProjectID=39–1320-x05&vSchoolDistrict=Elizabeth.

[17] 新泽西州学校发展局，参见：https://www.njsda.gov。

[18] Jorge Luis Borges, purportedly from *Suárez Miranda, Travels of Prudent Men, Book Four, Ch. XLV* (Lérida: 1658) in Jorge Luis Borges, "On Exactitude in Science," in *Collected Fictions*, trans. Andrew Hurley (n.p.: Penguin Books: 1999). 也可参见：Lewis Carroll, *Sylvie and Bruno Concluded, Chapter XI* (London: 1895)。

[19] Borges, *Collected Fictions*。作者在书中写道："博尔赫斯帝国时期的制图工艺达到了登峰造极的地步。一个省市的地图范围会覆盖整个城市，如果是一幅帝国地图，那么地图范围能够将整个省覆盖。然而，随着时间的推移，那些不准确的地图不再能够满足人们的需求，制图师协会联合绘制了一幅帝国地图，它能覆盖全部国土，而且帝国里的每一个地方在地图上都能对应上。后来的几代博尔赫斯人就不像他们的祖先那样喜欢研究制图学了。那些巨大的地图在他们眼里毫无用处，他们并不珍惜这种地图。无论面对寒冬酷暑还是日晒雨淋，他们对地图都是弃之不顾。直到今天，在西部的沙漠里，还能发现一些残存的博尔赫斯帝国地图残片，其间还有一些动物和乞丐借这些残片来遮风挡雨。除此之外，这片土地上就再也没有地理方面的遗迹了。"

[20] George A. Miller, "The Magical Number Seven, Plus or Minus Two: Some Limits on Our Capacity for Processing Information," *Psychological Review* 63, no. 2 (March 1956): 81–97.

[21] 同上，96。他说道："事实上，我觉得我的故事必须在它开始变得真正有趣的时候停止。"

[22] 参见：Alan Baddeley, "The Magical Number Seven: Still Magic After All These Years?," *Psychological Review* 101, no. 2 (1994): 353–56. See also Paul M. Bays

and Masud Husain, “Dynamic Shifts of Limited Working Memory Resources in Human Vision,” *Science* 321, no. 5890 (August 2008): 851–54. See also Wei Ji Ma et al., “Changing Concepts of Working Memory,” *Nature Neuroscience* 17 (2014): 347–56.

[23] Donella H. Meadows, *Thinking in Systems: A Primer*, ed. Diana Wright (White River Junction, VT: Chelsea Green, 2008).

[24] Agency for Healthcare Research and Quality (AHRQ), *Emergency Severity Index (ESI): A Triage Tool for Emergency Departments*, version 4 (Rockville, MD: AHRQ, last reviewed May 2020).

[25] 相关置管的案例参见：Atul Gawande, *The Checklist Manifesto: How to Get Things Right* (New York: Picador, 2011)。阿图·葛文德这本书的内容对得起书名《清单革命：如何持续、正确、安全地把事情做好》。这本书引发了公共卫生领域的一场革命。在一份清单中做减法可以帮助我们挽救生命，同样也可以帮助我们更好地认识“少”的意义。医生兼作家的葛文德说得好，他说：“如果情况非常复杂，充满了不可预测性，处理情况时所需的知识超出了个人能力，那么你从中心开始的每一步努力都有可能失败。人们需要的是有采取行动的空间并能够适应。”

[26] 根据：Peter Pronovost et al., “An Intervention to Decrease Catheter-Related Bloodstream Infections in the ICU,” *New England Journal of Medicine* 355 (December 2006): 2725–32. 有“28000 人死亡”比较：*Traffic Safety Facts: 2006 Data* (Washington, D.C.: NHTSA National Center for Statistics and Analysis, 2006)，该报告说，2006 年因机动车导致的死亡人数为 32119 人（这一数字不包括摩托车驾驶员以及非乘坐人员。）

[27] “Appendix 5: Central Line Insertion Care Team Checklist,” AHRQ, https://www.ahrq.gov/hai/clabsi-tools/appendix-5.html.

[28] “Practice Guidelines for Central Venous Access: A Report by the American

Society of Anesthesiologists Task Force on Central Venous Access," *Anesthesiology* 116, no. 3 (March 2012): 539–73.

[29] Pronovost et al., "An Intervention to Decrease."

[30] "Surgical Fire Prevention," ECRI, https://www.ecri.org/solutions/accident-investigation-services/surgical-fire-prevention.

[31] 凯莉只在最后一个学期得了一个 A–，我和哥哥都为她的成绩感到高兴。

[32] Leslie Scott, *About Jenga: The Remarkable Business of Creating a Game that Became a Household Name* (Austin, TX: Greenleaf Book Group Press, 2010).

[33] 叠叠乐的英文名源于一个斯瓦希里词语" kujenga"，意思是"搭建"。

[34] 这一按序处理的过程往往会使人们忽略减法，我们称之为"偏好构建"。参见：Paul Slovic, "The Construction of Preference," *American Psychologist* 50, no. 5 (1995): 364–71。

[35] Chris Hendrickson, *Project Management for Construction: Fundamental Concepts for Owners, Engineers, Architects and Builders*, version 2.2 (n.p., 2008), https://www.prof krishna.com/ProfK-Assets/HendricksonBook.pdf.

[36] 纽约阿斯特酒店举办过一场辩论，由美国甜甜圈公司提供赞助，辩论主题是"谁把甜甜圈弄出了洞？"格雷戈里的堂兄带来了相关信件，并签署了宣誓书，表明所言属实。据此，辩论会颇有名望的评委宣布他为获胜者，认定甜甜圈的空洞是格雷戈里最先弄出来的。所以我们就在本书中参考了这个故事。同时参见：Candy Sagon, "The Hole Story," *Washington Post*, March 6, 2002。

[37] 这里假设你用环形切刀，就是那种用来切整块糕体的工具。而当甜甜圈在莱维特发明的甜甜圈机器里受到挤压之后，中间其实并没有洞，只是中间的面被扯开了而已。参见：David A. Taylor, "The History of the Doughnut," *Smithsonian Magazine*, March 1998。

第七章 “更少”的遗产：人类世的减法

[1] Simon L. Lewis and Mark A. Maslin, “Defining the Anthropocene,” *Nature* 519 (2015): 171–80.

[2] Dr. Seuss, *The Lorax* (New York: Random House, 1971). 自那以后，苏斯的这部经典之作卖出了 200 多万册，并于 2012 年由环球影业（Universal Pictures）、照明娱乐公司（Illumination Entertainment）和苏斯博士企业（Dr. Seuss Enterprises）共同制作成动画片。

[3] Ray Anderson, *Mid-Course Correction: Toward a Sustainable Enterprise: The Interface Model* (n.p.: Peregrinzilla Press, 1999).

[4] “Climate Change: How Do We Know?,” NASA, http://climate.nasa.gov/evidence. 也可参见：“Is the Current Level of Atmospheric CO_2 Concentration Unprecedented in Earth’s History?,” National Academies Press, https://www.nap.edu/resource/25733/interactive/。

[5] “History of Energy Consumption in the United States, 1775–2009,” U.S. Energy Information Administration, https://www.eia.gov/todayinenergy/detail.php?id=10.

[6] “CO_2 Ice Core Data,” CO_2.earth, https://www.co2.earth/co2-ice-core-data.

[7] “Climate Change and Health,” World Health Organization, February 1, 2018, https://www.who.int/news-room/fact-sheets/detail/climate-change-and-health.

[8] Andy Haines and Kristie Ebi, “The Imperative for Climate Action to Protect Health,” *New England Journal of Medicine* 380 (January 2019): 263–73.

[9] “Alan Kurdi,” 100 Photographs, *Time*, 2005, http://100photos.time.com/photos/nilufer-demir-alan-kurdi.

[10] Mark Fischetti, “Climate Change Hastened Syria’s Civil War,” *Scientific American*, March 2, 2015.

[11] Jørgen Stig Nørgård et al., "The History of the Limits to Growth," *Solutions* 1, no. 2 (March 2010): 59–63.

[12] Donella H. Meadows et al., *The Limits to Growth* (New York: Report to the Club of Rome, 1972). 尽管书名不太好听，但书中的一个设想还是呈现了一幅人类无须掠夺地球便能继续繁荣的乐观图景。

[13] Gifford Pinchot, *Breaking New Ground* (Washington, D.C.: Island Press, 1998). 作者说道："保护就是在最长的时间内，为了最大多数人的最大利益，有远见地利用、保存或者重建森林、水域、土地和矿藏资源。"

[14] Will Steffen et al., "Planetary Boundaries: Guiding Human Development on a Changing Planet," *Science* 347, no. 6223 (February 2015): 1259855.

[15] For example, Nicolas Stern, *The Economics of Climate Change: The Stern Review* (Cambridge, UK: Cambridge University Press, 2007).

[16] Justin Farrell, "Corporate funding and ideological polarization about climate change," *Proceedings of the National Academies of Sciences* 113, no. 1 (2016): 92–7.

[17] Hans Rosling et al., *Factfulness: Ten Reasons We're Wrong About the World—and Why Things Are Better Than You Think* (New York: Flatiron Books, 2018).

[18] 这种巫师与先哲的论辩是 John McPhee, *Encounters with the Archdruid* (New York: Farrar, Straus and Giroux, 1971) 中的主题。也可参见：Charles Mann, *The Wizard and Prophet: Two Remarkable Scientists and Their Dueling Visions to Shape Tomorrow's World* (New York: Knopf, 2018)。

[19] S. Nazrul Islam and John Winkel, "Climate Change and Social Inequality," working paper no. 152 (New York: United Nations, October 2017).

[20] IPCC, *Climate Change 2014: Synthesis Report. Contribution of Working*

Groups I, II, and III to the Fifth Assessment Report of the Intergovernmental Panel on Climate Change (Geneva, Switzerland: IPCC, 2015).

[21] 一些目标和任务与气候密切相关。联合国政府间气候变化专门委员会与生物多样性与生态系统服务政府间科学政策平台（IPBES）在生物灭绝这一问题上有着共同的目标和方向，也都有着同样严格的程序和同样密集的报告。

[22] Carolina Mauri, "Co2stra Rica, The National Climate Change Strategy and the Carbon Neutrality Challenge," Ministry of Environment, Energy, and Telecommunications, https://unfccc.int/files/meetings/sb30/press/application/pdf/session4_mitigation.pdf.

[23] John McPaul, "Costa Rica Pledges to Be 'Carbon Neutral' by 2021," *Reuters*, June 7, 2007.

[24] 生物燃料产生的速度要快于消耗的速度。

[25] "'Reduce, Reuse, Recycle' Button," Smithsonian Natural Museum of American History, https://americanhistory.si.edu/collections/search/object/nmah_1284430.

[26] Jean-Francois Bastin et al., "The Global Tree Restoration Potential," *Science* 365, no. 6448 (July 2019): 76–79. 也可参见："Erratum for the Report," *Science* 368 no. 6494 (May 2020): eabc8905。

[27] Justin McClellan et al., "Cost Analysis of Stratospheric Albedo Modification Delivery Systems," *Environmental Research Letters* 7, no. 3 (August 2012): 034019.

[28] Hashem Akbari and H. Damon Matthews, "Global Cooling Updates: Reflective Roofs and Pavements," *Energy and Buildings* 55 (December 2012): 2–6.

[29] Mark G. Lawrence et al., "Evaluating Climate Geoengineering Proposals

in the Context of the Paris Agreement Temperature Goals," *Nature Communications* 9, no. 3734 (2018).

[30] 工程师正在研究巨型空气真空过滤器，人造树木和新型的混凝土及农作物，可以提取和储存二氧化碳。

[31] Hal E. Hershfield et al., "Increasing Saving Behavior Through Age-Progressed Renderings of the Future Self," *Journal of Marketing Research* 48 (2019): S23–S37.

[32] Arnim Wiek and David Iwaniec, "Quality Criteria for Visions and Visioning in Sustainability Science," *Sustainability Science* 9, no. 4 (2014): 497–512.

[33] Hannah Ritchie and Max Roser, "Costa Rica: What Share of Global CO_2 Emissions Are Emitted by the Country?," Our World in Data, https://ourworldindata.org/co2/country/costa-rica. 文章中的数据显示，2006 年，哥斯达黎加的失业率为 0.02%，2007 年上升至 0.03%，此后总体呈下降趋势。

[34] Hannah Ritchie and Max Roser, "CO_2 Emissions," Our World in Data, https://ourworldindata.org/co2-emissions.

[35] Megan Darby and Isabelle Gerretsen, "Which Countries Have a Net Zero Carbon Goal?," *Climate Change News*, https://www.climatechangenews.com/2020/09/17/countries-net-zero-climate-goal/.

[36] "Country Summary: Costa Rica," Climate Action Tracker, https://climateactiontracker.org/countries/costa-rica/. 文章说，该国 98% 的电力来自可再生能源。

[37] Anna Bruce-Lockhart, "Which Is the Greenest, Happiest Country in the World," World Economic Forum, July 29, 2016. 也可参见："Costa Rica," Happy Planet Index, http://happyplanetindex.org/countries/costa-rica。

[38] Gerardo Ceballos et al., "Accelerated Modern Human-Induced Species

Losses: Entering the Sixth Mass Extinction," *Science Advances* 1, no. 5 (Jun 2015): e1400253.

[39] Elizabeth Dickinson, "GDP: A Brief History," *Foreign Policy*, January 3, 2011.

[40] "The Trouble with GDP," *Economist*, April 30, 2016.

[41] GDP 的诞生我们还要感谢凯恩斯。对于那些难以衡量的问题，他曾提出明智的建议："我宁愿正确地含糊一点，也不想搞清楚到底是什么样的错。"

[42] 长期以来，哥斯达黎加一直在减少再投资。1997 年，该国设立了第一个为减少温室气体排放提供资金的国家级项目。其他国家也有环保补贴，但哥斯达黎加首先将其重新定义为服务付费。当然，这种投资也有一些问题，其中，统一费率就没有考虑到提供的环境服务有程度上的差异，这意味着价值最高的一些地区被排除在该方案之外。此外，作为收取燃油税的激励机制，其资金来源必须由世界银行和其他外部机构提供的资金加以补充，这也只是对土地所有者有利。参见：Katia Karousakis, "Incentives to Reduce GHG Emissions from Deforestation: Lessons Learned from Costa Rica and Mexico," Organisation for Economic Co-Operation and Development and International Energy Agency, May 2007。

[43] Judith Eve Lipton and David P. Barash, *Strength Through Peace: How Demilitarization Led to Peace and Happiness in Costa Rica, and What the Rest of the World can Learn From a Tiny, Tropical Nation* (Oxford, UK: Oxford University Press, 2019).

[44] "GDP Per Capita (Current US$)—Costa Rica, United States," World Bank, https://data.worldbank.org/indicator/NY.GDP.PCAP.CD?locations=CR-US.

[45] Luis Rosero-Bixby and William H. Dow, "Exploring Why Costa Rica Outperforms the United States in Life Expectancy: A Tale of Two Inequality

Gradients," *Proceedings of the National Academy of Sciences* 113, no. 5 (Feb 2016): 1130–37.

[46] "适应力计划" 的结果参见：Lance Gunderson and Crawford Holling, eds., *Panarchy: Understanding Transformations in Human and Natural Systems* (Washington, D.C.: Island Press, 2009)。书中引用来自克劳福德·霍林对该项目及论著的总结性文章："Understanding the Complexity of Economic, Ecological, and Social Systems," *Ecosystems* 4, no. 5 (2001): 390–405。

[47] Desmond Tutu, "We Need An Apartheid-Style Boycott to Save the Planet," *Guardian*, April 10, 2014.

[48] "Do the Math," 350.org, https://math.350.org/.

[49] Teresa Watanabe, "UC Becomes Nation's Largest University to Divest Fully from Fossil Fuels," *Los Angeles Times*, May 19, 2020.

[50] Philip Pullella, "Vatican Urges Catholics to Drop Investments in Fossil Fuels, Arm," *Reuters*, June 18, 2020.

[51] Track additional progress at 350.org, https://www.350.org.

[52] Harry S. Truman, inaugural address, January 20, 1949, in *Inaugural Addresses of the Presidents of the United States* (Washington, D.C.: Government Printing Office, 1989).

第八章　从信息到智慧：减法实现富足人生

[1] Cal Newport, "Is Email Making Professors Stupid?," *Chronicles of Higher Education*, February 12, 2019.

[2] Nick Bilton, "The American Diet: 43 Gigabytes a Day," *New York Times*, December 9, 2009.

[3] Jeff Desjardin, "What Happens in an Internet Minute in 2017?," *Visual Capitalist*, August 2, 2017.

[4] Barry Schwartz, *The Paradox of Choice: Why More Is Less* (New York: HarperCollins, 2004).

[5] Cass R. Sunstein, How Change Happens (Cambridge, MA: MIT Press, 2019).

[6] Daniel J. Levitin, “Why It’s So Hard to Pay Attention, Explained by Science,” *Fast Company*, August 23, 2015.

[7] Herbert A. Simon, “Designing Organizations for an Information-Rich World,” in *Computers, Communications, and the Public Interest* (Baltimore, MD: John Hopkins Press, 1971).

[8] Sendhil Mullainathan and Eldar Shafir, *Scarcity: Why Having Too Little Means So Much* (New York: Picador, 2013).

[9] Richard Van Noorden, “Global Scienti#c Output Doubles Every Nine Years,” *Nature News Blog*, May 7, 2014. 也可参见：EIA, *International Energy Outlook 2019 With Projections to 2050* (Washington, D.C.: U.S. Energy Information Administration, 2019)。还可参见：“World Economic Outlook Reports,” International Monetary Fund, https://www.imf.org/en/Publications/WEO.

[10] John M. Keynes, *A Treatise on Probability* (London: Macmillan, 1921).

[11] Ecclesiastes 12:12, Christian Standard Bible.

[12] Lucius Annaeus Seneca, *Letters from a Stoic*, trans. Robin Campbell (New York: Penguin Books, 1969).

[13] Ann M. Blair, *Too Much to Know: Managing Scholarly Information Before the Modern Age* (New Haven, CT: Yale University Press, 2010).

[14] Richard Saul Wurman, *Information Anxiety* (New York: Bantam, 1990).

[15] Clara Levy, “Cheating at Mines: Part One & Two,” *Oredigger*, March 8, 2016, http://oredigger.net/2016/03/cheating-at-mines-part-one/.

[16] Helen Carter, “Authors and Poets Call Halt to Book Pulping at Manchester

Central Library," *Guardian*, June 22, 2012.

[17] St. Mark Lutheran Preschool, http://www.stmarkpreschool.net/.

[18] "Workshop: Constructivism as a Paradigm for Teaching and Learning," WNET Education, https://www.thirteen.org/edonline/concept2class/constructivism/. 此文献概述了从皮亚杰（Piaget）以来的研究，它不同于帕佩特（Papert）完全以加法为中心的“构造主义”。此文献中有解释：Idit Harel and Seymour Papert, Constructionism (Norwood, NJ: Ablex Publishing, 1991). 从建构主义心理学理论出发，我们认为学习是一种再建构，而不是知识的传播。然后，我们对材料处理的观念做了如下引申，即学习者体验到学习是构建有意义产品活动的一部分，此时学习最有效。文献又补充道，若学习者“有意识地参与建构公共实体，不管是沙滩上的城堡还是宇宙理论，都会获得最好的效果”。

[19] Dedre Gentner and Albert L. Stevens, eds., *Mental Models* (New York: Psychology Press, 2014).

[20] Andrea A. DiSessa, "A History of Conceptual Change Research: Threads and Fault Lines" (Berkeley: UC–Berkeley, 2014).

[21] Michael Allen, *Misconceptions in Primary Science* (New York: McGraw-Hill, 2010).

[22] Leon Festinger et al., When *Prophecy Fails: A Social and Psychological Study of a Modern Group That Predicted the Destruction of the World* (Minneapolis: University of Minnesota Press, 1956).

[23] John D. Sterman and Linda Booth Sweeney, "Understanding Public Complacency About Climate Change: Adults'Mental Models of Climate Change Violate Conservation of Matter," Climatic Change 80 (2007): 213–38.

[24] John P. Smith III et al., "Misconceptions Reconceived: A Constructivist

Analysis of Knowledge in Transition," *The Journal of Learning Sciences* 3, no. 2 (1994): 115–63.

[25] George J. Posner et al., "Accommodation of a Scientific Conception: Toward a Theory of Conceptual Change," *Science Education* 77, no. 2 (April 1982): 211–27.

[26] 正如研究人员所言："我们按照自己对世界的期望行事，如果这个世界的运行与期望相反，我们往往会失败，但通过适应这种新的经验并重新建构我们对世界运行的认识，我们就会从失败的经验中吸取教训。"

[27] Thomas S. Kuhn, *The Structure of Scientific Revolutions*, 3rd ed. (Chicago: University of Chicago Press, 1996).

[28] "100 Best Nonfiction," Modern Library, https://www.modernlibrary.com/top-100/100-best -nonfiction/.

[29] Nancy J. Nersessian, *Creating Scientific Concepts* (Cambridge, MA: MIT Press, 2010).

[30] Dedre Gentner and Keith J. Holyoak, "Reasoning and Learning by Analogy: Introduction," *American Psychologist* 52, no. 1 (1997): 32–34.

[31] 其中一个证据参见：Dedre Gentner, "Flowing Waters or Teeming Crowds: Mental Models of Electricity," in *Mental Models* (Hillsdale, NJ: Lawrence Erlbaum Associates, 1983), 99–129。David E. Brown and John Clement, "Overcoming Misconceptions via Analogical Reasoning: Abstract Transfer Versus Explanatory Model Construction," *Instructional Science* 18 (1989): 237–61。也可参见：David E. Brown, "Using Examples and Analogies to Remediate Misconceptions in Physics: Factors Influencing Conceptual Change," *Journal of Research in Science Teaching* 29, no. 1 (1992): 17–34。